中国环境艺术设计
CHINA ENVIRONMENTAL ART DESIGN

图书在版编目（ＣＩＰ）数据
中国环境艺术设计.07
鲍诗度主编
北京：中国建筑工业出版社, 2019.2
ISBN 978-7-112-23371-7
Ⅰ.①中… Ⅱ.①鲍… Ⅲ.①环境设计 - 作品集
中国 - 现代 Ⅳ.①TU-856
中国版本图书馆CIP数据核字(2019)第037863号

鲍诗度 主编　宋树德 杨敏 副主编
东华大学　中国建筑工业出版社
*
中国建筑工业出版社出版、发行(北京海淀三里河路9号)
各地新华书店、建筑书店经销
上海盛通时代印刷有限公司印刷
*
开本：965毫米x1270毫米　1/16
印张：10　字数：531千字
2019年3月第一版　2019年3月第一次印刷
定价：98.00元
ISBN 978-7-112-23371-7
　　　(33688)

Host Organizer 主编单位	东华大学	
	中国建筑工业出版社	
Editorial Advertiser 编委会顾问	鲍世行　齐　康　韩美林　蔡镇钰　邹德侬	
Editorial Director 编委会主任	胡永旭　刘春红	
Deputy Director 编委会副主任	鲍诗度	
Members 编委会成员	马克辛　王兴田　王克文　王受之　王淮梁　吕敬人	
	朱祥明　苏　丹　李东禧　吴　翔　周　畅　郑曙旸	
	柳冠中　俞　英　夏　明　鲍诗度　(按姓氏笔画为序)	
Editor-in-Chief 主编	鲍诗度	
Deputy Editor-in-Chief 副主编	宋树德　杨　敏	
Editorial Manager 编辑部主任	王艺蒙	
Editorial Manager Assistant 编辑部副主任	赵　倩	
Art Editor 美编/版式设计	赵勇斌	
Editor-in-Charge 责任编辑	唐　旭　李东禧　孙　硕	
Editor 编辑	叶琼贤　崔可沁　孙晓敏　沈丹妮　朱文秀　林澄昀	
	刘　博　杨凤菊　查　鹏　郑燨呈　于　妍	
Assistant Editor 助理编辑	梁　晓　张　瑶　史　朦　黄心怡　孙超伟　孙语聪	
	王秋雯	
Photography Director 摄影	鲍诗度　宋树德　王艺蒙　林澄昀　赵　倩	
Editorial Department 编辑部	中国环境艺术设计年鉴编辑部	
Publish 出版	中国建筑工业出版社	
Distribution 发行范围	各地新华书店、建筑书店经销	
Tel 编辑部电话	021-62373731　　021-62378043	
Fax 编辑部传真	021-62374989	
Web 网址	www.chinaead.dhu.edu.cn	
E-mail 电子邮箱	chinaead@163.com	
Add 编辑部地址	上海市长宁区延安西路1882号东华大学三教1802室	
Zip Code 邮编	200051	
Publish Date 出版日期	2019年3月	
Page Size 版面尺寸	230 mm X 300 mm	
Price 定价	RMB 98元	

卷首语

人生活工作聚集的地方，它的环境品质高低，直接影响人的素养。俗话"穷山恶水出刁民"，意思是说恶劣环境中人的素质自然也高不起来。环境育人，环境造就人。一个优美舒适的环境，既能提高人的生活质量，又能够提升人的修养、情操和品质。

城市环境品质的提升，是当下中国城市建设的主题，是新时代实现十九大提出的不断满足人民日益增长的美好生活需要的奋斗目标。

几十年的改革开放我们在经济上有所提升，但在人居环境上不尽人意，欠债太多。中国小镇环境，普遍存在脏乱差、环境没有特色、没有文化的现象；中国千千万万的小镇环境与我们的实际生活质量需求相差甚远，这是当今中国小镇的现实状况。改变生活质量，提高美好环境，建设美丽乡镇，小镇人居生活环境整治是中国走向小康社会今后一段时间内的建设主题。浙江省台州市路桥区横街镇走在了前面，用不到三年的时间，现已成为市、省、国家级示范镇和试点项目。浙江省在经济发展走在全国的前列，有条件改变环境现状，提高人居环境质量需求。由于发展不平衡，有些地方现在暂时做不到。但是，全国其他地区迟早都要进行这样的建设工作，刊登横街镇案例给读者提供建设的参考。

无论大小城市，交通环境一律只注重快车道，忽视人行道、非机动车道，从北京、上海特大城市，到几万人口的小镇，东西南北中，中国无论哪个大中小城市还是小镇，都看不到一个完整的人行道、非机动车道、机动车道共存的三行系统。一个完整的三行系统是一个城市是生态出行系统的保障，因为城市是个有生命的机体，机体是需要血液舒畅流通，而三行系统是城市三根主要

动脉，畅通无阻的"血管"，源源不断地提供"血液"以保障城市交通的正常有序运行。在西方发达国家普遍实施交通稳静化模式，大量的机动车是停在马路边，并且设置停车安全岛。连为一体的路拱和窄点处置，以人为本宽宽的人行道，突出人的步行空间需求，大大提高了人的生活质量。这些都是他们的成功经验。

城市家具系统布局，系统设计，处置恰当，整齐划一，优美合适，美观实用的城市家具给小镇带来无限品质底蕴。

很多一些世界著名企业都喜欢落户在小镇上，让小镇增色不少。小镇布局、小镇空间环境机理、小镇出行系统、小镇文化、小镇生活、小镇生态，到小镇环境品质，让人流连忘返。我们看看它们有什么值得我们借鉴之处。

从三行系统、城市家具到中国小镇环境综合成果，是本期重点介绍内容。在这当中特别需要提请读者注意的是，欧洲一些小镇很美，美得自然，美得实在，美得让人心旷神怡，它的魅力何在？窄窄的快车道、宽宽的人行道，为什么会让人在环境中很自在很舒服？不宽的马路除了有三行并道机动车道、人行道、非机动车道还分别设置机动车、摩托车、自行车停车位，为什么一点不凌乱，却秩序井然？等等，本刊自有答案。

希望这一期给读者有些启发。

主编 鲍诗度
2019年1月

中国环境艺术设计
CHINA ENVIRONMENTAL ART DESIGN

目录

中国环境艺术设计
CHINA ENVIRONMENTAL ART DESIGN

8

Small Towns in Europe
欧洲小镇篇

E
欧洲小镇环境
nvironment of Small Towns in Europe

欧洲小镇之"特"与"色"

　　欧洲小镇大多都有自己的独特个性和独有特色。你仔细品味，会感到风貌、生态、绿色，一切都自然而然，所以会让人流连忘返，心旷神怡。大多都有自己的文化个性、历史特点、自己的风貌和地域特点，自然轻松，尊重自然，以人为本。小镇环境空间布局肌理，不突兀，和谐自然，以适宜人的生活方式，便于人们交流、生存，与自然和谐统一的环境空间是欧洲小镇基本特征。生态、自然、绿色、和谐是它的基本主题。欧洲小镇是城市与乡村之间连接的纽带，充分结合了城市丰富的资源优势与乡村独有的人文环境优势。在欧洲小镇建设过程中，逐步形成了独具特色的"小镇"。

　　欧洲小镇的发展普遍是以本土文化作为出发点，以时代需求为目标，以尊重自然、尊重历史、尊重文化、尊重人文、以人为本为主线的，为人们创造舒适安逸的生活环境空间，并保持着产业的特色、有序、和谐发展。因此，欧洲小镇的产业与生活环境空间的融合是构成欧洲小镇"特"与"色"的关键所在。

欧洲小镇环境特点

小镇选址

在环境空间选址方面，欧洲小镇会将环境优良品质、交通便利程度以及产业发展的需要作为考虑因素。首先，拥有美丽舒适的自然环境，小镇才会有属于它独特的生命力。其次，交通的便利程度会直接影响到小镇的发展，小镇便捷的交通空间，会更有利于小镇居民的生活体验。最后，欧洲小镇大多属于产业型的小镇，因此在空间选址上，产业的需求也会作为重要的考虑因素之一。

特色的建筑规划

欧洲小镇在建筑规划方面有其独特风格。各种建筑风格交融并存。在建筑朝向、建筑高度等方面并不强调整齐划一，任其自由灵活排列，这更加突出了欧洲小镇在建筑规划方面的特色。在建筑色彩的运用上，一般采用石材本身的色彩以及较为鲜艳明快的色彩进行装饰，从而形成不同风情的建筑色调。例如，藏匿在时光中的千年古镇——德国弗赖辛（Freising）。弗赖辛小镇面积不大，但它却是巴伐利亚州（Bavaria）历史最为悠久的小镇之一。弗赖辛街道两旁的建筑，被粉刷成了各种颜色，高低错落，美得像置身在童话世界一般。在阳光的映射下，老城明快的建筑色调也显得格外温暖。

1	
2	4
3	

图1-3. 德国小镇弗赖辛
图4. 德国小镇巴登巴登

教堂是欧洲小城镇上不可或缺的精神地标，教堂的存在代表着历史文化与信仰。教堂往往是小镇上最高的建筑，象征着教堂在人们心中崇高的地位。现在大多数教堂都成了小镇上最重要的景点，供人们参观与膜拜。在教堂附近的广场、市政厅也成了人们交流议事、休闲娱乐的主要场所。其实教堂不仅仅是人们信仰的象征，也是历史文化底蕴的沉淀，更是一座城市、一座小镇的精神传承。

德国巴登巴登（Baden-Baden）是一座温泉小镇，人们称它为"欧洲的夏季首都"。人们可以在这里享受到高质量的生活。巴登巴登不仅历史悠久，而且风景环境独具特色，它背靠秀美青山，树木苍翠；面临秀水河川，流水潺潺；沿着山谷蜿蜒伸展，像一座如诗如画的小镇，让人一见倾心。无论是巴登巴登的温泉产业、还是宜人的生活空间环境都离不开空间环境的选址。可以说，正是因为有了好的空间环境的选址，才使得巴登巴登成了"以天空为屋顶"的魅力小镇。

绿色生态

欧洲小镇十分注重对生态自然环境的保护。欧洲的许多小镇都有着得天独厚的自然资源，生态环境体系也很完善，其中森林绿地、江河湖泊占据着小镇大部分的面积。当然，这不仅归功于当地政府得当的治理措施，也与当地居民较强的环保意识有关。

1	4
2 3	5

图1-2. 绿色生态的巴登巴登
图3-5. 德国巴登巴登的街道与广场

街道环境

欧洲小镇尺度宜人，大多街巷延续了古老中世纪的空间布置，小街巷及路口较多。街道步行空间舒适，处处体现着"以人为本"，一般以教堂和广场为中心，商铺、咖啡厅及餐厅等一般都位于教堂和广场的附近，这样的布置方式充分满足了居民的生活需求。在交通道路的规划上，提倡人车分离，划分出专门的人行道与自行车道，人们可以在保证安全的前提下，自由畅行。马路上有专门的区域用来停放车辆，极大地方便了居民的停车需求，又不会阻碍交通运行。

生活环境

    欧洲小镇的环境空间为人们提供了多样休闲方式的可能。舒适的街道，种类多样、大小不一的绿地等，让生活在小镇的人们远离城市的喧闹，体验着最自然，最舒适的生活。每到节假日或周末，小镇居民通常会在附近的公园或海边进行聚餐等休闲活动，还会到周边的山林里呼吸新鲜的空气，修养身心，甚至三五结群，带上全套装备，骑上脚踏车围湖而行。

名人与历史文化

许多欧洲小镇都有着几百年的历史文化，十分重视古建筑的保护与文化的延续。其历史名人的生活轨迹则是小镇上最大的文化亮点。生活在欧洲小镇上的历史名人，与他们相关的历史文化资源一样都很好地被传承，例如历史与名人雕塑、名人故居、庄园等。

公共设施

欧洲小镇上的基础设施设备与相应的配套设施服务相对完善，综合性功能很强，处处体现着以人为本的理念。在交通方面，为了方便居民的生活出行，小镇提供了便利的交通方式，例如有轨电车、巴士等。交通信号灯、标识牌的系统设置方面也较为完善。同时欧洲小镇还具备完善的就业功能，在教育、医疗的配套设施上都非常完备。

城市家具

在欧洲小镇上，无论走在哪里，都能看见配备齐全的城市家具，与小镇的环境、文化相协调，它们坐落于小镇的每一条街道，为小镇带来了特殊的魅力与艺术性。

1	2	3
4		6
5		

图1. 法国安纳西小镇的卢梭雕像
图2. 德国巴登巴登的小镇地图
图3. 法国安纳西的停车标识
图4. 德国弗赖辛的城市家具
图5. 法国尚贝里公交车站
图6. 德国巴登巴登的城市家具

欧洲小城镇的环境启示

　　从欧洲小镇的生活环境方面分析看出，欧洲小镇的各个组成部分分工合理、功能明确，为小镇居民提供了舒适且高质量的生活，从而更好地促进小镇的发展。我们应当借鉴欧洲小镇对于小镇生活环境建设方面的经验做法，从而为我国小镇居民提供更加舒心舒适的生活。

　　首先，我们要进行科学系统的规划，同时加强环境保护，重视生态建设，合理地对小镇进行系统整体的规划，完善空间布局，协调好各部门的规划衔接，坚持"以人为本"的原则，为居民提供更好的生活环境，提高居民生活水平。

　　其次，应凸显历史文化内涵，增加地方特色。我国小镇有着深厚的历史

底蕴，各小镇之间存在着巨大的文化差异，因此我们要注重对传统文化的保护，挖掘本土的名人故事、传统风俗等，结合城镇实际的发展，打造独具特色的小镇。

　　同时，应重视产业特色的发展，鼓励有条件的小镇，发展基础、强化优势以及拓展特色产业，打造属于自己的特色度假区、国家级景区等，优化我国小镇的空间产业布局，使产业逐步成为小镇的重要经济支柱。

　　加强公共基础服务，完善小镇基础设施的建设，促进教育、医疗服务以及社会保障工作的开展，提升小镇居民的幸福感。

三行系统
hree-in-One Traffic System
三行系统 = 机动车道系统 + 非机动车道系统 + 人行道系统

城市如同人的生命机体，机动车系统如同人体的动脉系统，非机动车系统如同人体的静脉系统，人行道系统如同人体的毛细血管，三道流畅机体就充满活力。只要哪个部分不通不畅，梗阻现象就会出现，出行系统中各种各样的城市病就会出现。出行系统不仅关系到城镇的环境品质，也是关系到城镇生活品质的重要因素，更是衡量是否能够满足人民美好生活需求的具体指标。当前中国过快的城市化建设，出行系统一直处于不匹配状态，带来了一系列的问题，通过对法国、瑞士、德国等一些西方发达国家的城市街道出行系统的考察研究，我们在此展示城镇的三行系统和机动车停车系统+非机动车停车系统的街道停车系统，对中国精细化城市建设有一定的借鉴作用。

三行系统

　　三行系统指的就是城镇中的机动车道系统、非机动车道系统和人行道系统组成的道路交通出行系统。这样的三行，几乎涵盖了城市和城镇中大部分的出行方式。结合城市车辆停车场普遍不足，需要汲取西方发达国家数十年发展的成功经验，三行系统＋停车系统，街道具备交通与停车功能：机动车道＋非机动车道＋人行道＋机动车停车＋非机动车停车。城镇在人口数量、环境尺度、车辆数量、生活方式上各不相同，因此，在进行城镇出行系统规划时，一味地设置大尺度交通道路布局是不合适的，我们需要找到城镇自我特色所在、优势所在，发挥城镇生态环境以人为本、舒适宜人的特点，打造既能适合城镇建筑比例，又符合城镇居民出行需求的生态出行三行系统和街道停车系统。

　　在打造适合城镇的道路出行系统方面，西方国家比我国起步要早，20世纪60~90年代，西方发达国家对城市街道进行适应城市街道交通的变革，特别在80年代英国、德国、荷兰、法国等国家对城市街道交通重新设计与建设，大多采用30km/h限速区，现在被看作是一项实惠而富有效果的建设成效。深入研究西方国家的城镇道路系统对我国今后的新型城镇化建设和特色小镇建设都具有积极的借鉴意义。

<table>
<tr><td rowspan="2">1</td><td>2</td><td>3</td></tr>
</table>

图1-2. 日内瓦三行系统
图3. 安纳西三行系统

注重人性化无障碍设计的机动车道系统、非机动车道系统、人行道系统的道路三行系统。

开放建筑退界　人行道通行带　设施带/绿化带　自行车道　侧分隔离带　停车道　单行机动车道　设施带/绿化带　人行道通行带　开放建筑退界

开放建筑退界　人行道通行带　设施带/绿化带　机动车道　侧分隔离带　双向自行车道　设施带/绿化带　人行道通行带　开放建筑退界

瑞士沃韦 (Vevey) 的三行系统

　　沃韦 (Vevey) 是瑞士一座沿湖而建的小镇，人口不到两万，是雀巢咖啡总部的所在地，查理·卓别林在此生活了 25 年，当地最著名的旅游资源就是风景秀丽的日内瓦湖，因此沃韦的旅游景点、商业空间和居民的公共活动空间都集中分布在日内瓦湖沿岸，这一区域也是人群最为集中的地区。在沿湖超过两公里的道路布局中，包含了机动车道、非机动车道和人行道三种道路子系统，以及街道停车设置。小城镇独有的人行道尺度比例使得整个沿湖区域成为城镇中最大的公共休闲区域，也成了整个城市的窗口，宽阔的人行区域可以让人们尽情地拥抱日内瓦湖的美景，体会人与自然间的交融，享受惬意优雅的慢生活，而不会受到机动车的惊扰。随处可见具有小镇历史文化的公共艺术，与环境和谐统一的城市家具，整个小镇安全、有序、宁静、和谐、温馨。

营造人行道休憩空间

在沃韦宽阔的人行道中，设置了许许多多的可供人们休憩的座椅以及一些公共艺术品，这些既美观又实用的城市家具无疑提升了整个城镇的街道环境，为小镇居民和观光客提供了便利。对于沃韦来说，这样一条湖滨大道已经不仅仅是一条具有行驶通行作用的街道，更多的是小镇的重要休闲场所、文化展示场所、特色营造场所。人们可以在这里休息、读书、聚会、游玩，让日内瓦湖成为小镇的后花园，而小镇的居民就是花园的主人。

与其他街道不同的是，这里的人行道几乎占据了整条道路一半的空间。宽宽的人行道为城市人性化生活带来活力，是城市改造建设发展的主体。

非机动车道系统

除了湖滨大道，沃韦的其他街道也有着明确的功能分区，在任何一条街道上，机动车道、非机动车道和人行道都被醒目地标识区分。虽然瑞士是全世界最为富有的国家之一，但在这座面积不大的小镇中，大多数人们选择步行或自行车作为主要的出行工具，因此小镇的每一条街道上都设置了连贯的自行车道，这样做一方面有效地保障了非机动车出行的安全与效率，同时也鼓励人们选择更加环保的出行方式，保护了当地的生态环境。

图1、2、3. 德国弗莱辛市的步行系统
图4. 德国慕尼黑空港区地图局部

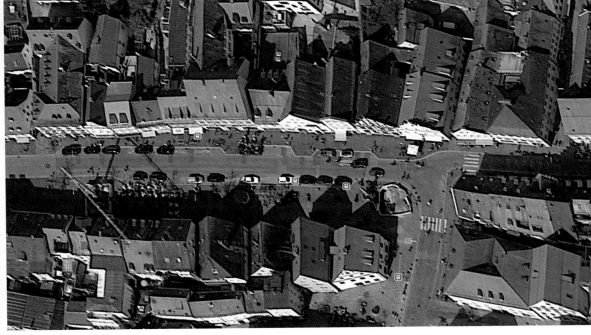

叶脉状的小镇路网

从卫星地图上看，欧洲诸多小城镇路网肌理为植物的叶脉状形态。城市街道规划布局与城市肌理是顺其自然而形成的城市布局。一座城市是一个有生命的机体，路网就是这个城市机体的血管，血管是没有十字交叉，只有三叉，自然界的形成，且通常是根据周边的自然环境自由形成的，没有规则的形状。这些自然形成的路网，城市交通相对更为合理，很少出现堵车现象。实践证明与我们方格式城市规划路网相比要强得多。经纬线的十字线路网规划布局，在现代汽车文明社会里容易造成城市堵点，行车不便。

针对独特的生活方式和出行方式，像叶脉一样的路网形态在小镇的环境中具有诸多的优势。首先，这样的路网明确了道路的分级系统，将主干道、次干道、支路、巷道区分出来，每种道路等级对应了不同的功能和尺度；其次，叶脉状的路网大量减少了十字路口的数量，使得机动车在行驶过程中更加顺畅；最后，小镇的道路大多不是笔直的，而是根据当地的地形地势和原有的房屋分布蜿蜒布局，这样就不会改变小镇原有的肌理。综上所述，这种叶脉状的路网是小城镇所特有的，是基于小城镇特殊的环境所形成的，具有生态理念，是自然环境与人文历史结合所产生的有机生态出行系统。

德国小镇巴登巴登

德国小镇巴登巴登（Baden-Baden），沿着山谷蜿蜒伸展，依山傍水，景色秀丽多姿，是欧洲著名度假、旅游、休闲圣地。其路网布局充分体现了绿色生态、拥抱自然的小镇环境特点。从卫星图上看，主干道从小镇的一侧穿过，其余的道路多为缓慢的弯道，很少出现十字相交的情况，十分符合叶脉状路网的形态。小镇中大大小小的道路将住宅区域、商业区域、公共广场和景观绿地自然而然地串联在了一起，所有的空间都是互相穿插、相互关联的。

1	2
	3

图1. 叶脉状的欧洲小镇地图
图2. 德国巴登巴登街道
图3. 德国巴登巴登卫星地图

快慢车道平面相交系统

　　人行道与快车道之间平面相交，在宽宽的人行道上增加了人行之外的停车功能，重叠得自然、平和，让人产生舒适的平静之感。街道十字路口人行道与快车道普遍是平面相交，人行道路比快车道至多高出两厘米左右，这是欧洲优秀小镇普遍的特色，它确实对街道空间人性化的使用起到充分利用的作用。

　　巴登巴登 (Baden-Baden) 除了设置具有机动车道、非机动车道和人行道的宽阔的主干道和次干道之外，还设置了许多仅供慢行或仅供行人通行的支路和巷道，这样的道路分级系统可以让不同出行方式的人们选择不同的路线，使得小镇的道路系统的使用更具效率。此外，鉴于小镇的面积较小，巴登巴登一些流量较小的次干道和支路的机动车道都采用了单向通行的方式，在较小的城镇中单行道路不仅不会影响道路通行效率，反而有利于促进道路的出行通畅。对于较窄的道路而言，减少路面的车道数量也可以为人行道和停车道让出更大的空间。

道路环岛系统

在欧洲，许多城镇都极少设置交通信号灯，在多条道路的交汇路口采用环岛来控制车辆行驶方向。这样的环岛在流量较小的路口使用效率要远远优于交通信号灯，环岛既可以帮助车辆改变行驶方向，使得车辆按照同一方向行使，还可以控制车速，有效地减少交通事故的发生。特别是在道路不太规整的小镇中，除了十字路口，还可能会出现三岔路口、五岔路口等多种特殊的路口形态，与其费时费力设置复杂的交通信号系统，不如利用环岛自然调节来自各个方向的机动车更具效率。

环岛道路地面人行道平面相交，路口加高，30km/h 限速，车道路口窄点，加宽的人行道等是城镇街道环岛系统的组成要素。在西欧小镇，无论是十字路口、三岔路口、五岔路口等，环岛系统是占多数，在城市道路中环岛也是普遍的，比如英国、法国、德国、荷兰等，这是欧洲多年来在汽车文明下产生适合汽车文明交通的科学成就。

合理分流

欧洲许多城镇的火车站、汽车站等交通枢纽进行了科学细致的规划与设计，对公共交通、私家车、步行通道等进行了科学分流与合理疏导，在保证安全的基础上，提升了交通效率，让大家各行其道。如意大利摩德纳（Modena）小镇的火车站广场，合理的交通设计，避免了粗放的宽马路、大面停车等问题，让交通流畅起来。

摩德纳火车站广场，小巧精致，如同法拉利的发动机，动力充足，精美流畅。小汽车与停车场形成一个完整的内循环交通系统，与其大巴交通系统互不干扰；大巴与候车厅、旅行者的流线形成完整自我的循环交通系统；在火车站主出口处设置大大的广场，起到最佳的人流缓冲、分流的作用。这几个系统之间，由多个纵横线斑马线连接，使之行人自由交通，与车与人互不干扰。摩德纳火车站广场的设计是经典之作。

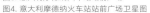

图1. 法国安纳西道路交叉口环岛卫星图
图2. 法国安纳西道路交叉口环岛
图3. 意大利摩德纳火车站站前广场
图4. 意大利摩德纳火车站站前广场卫星图

建设经验借鉴

（1）系统打造：人、自行车、汽车各行其道的三线交通系统；

（2）规范停车系统，环境美丽有序；

（3）彰显地方文化，营造美好环境；

（4）系统构建以人为本，宜居、宜业、宜游的道路慢行系统。

城市家具
rban Furniture

城市就是一个家，街道就是城市的客厅，城市家具就是放在城市客厅里的各类家具——路灯、座椅、果皮箱…… "城市家具"在英国称为"街道家具"，是西班牙称为"城市元素"，美国称其为"城市街道家具"。当今的中国城市家具与西方的城市家具有所不同，中国城市家具的三大理念：一是设施≠城市家具的理念；二是城市家具与环境共生理念；三是城市家具整体性控制理念。公共设施 + 环境系统 + 综合管理 = 中国城市家具。西方的城市家具是在传统的基础上发展起来的，具有设施功能，具有与环境结合要素、维护秩序功能。西方发达国家的城市家具普遍重视以人为本和与环境融合，有我们特别需要借鉴之处。概括下来，西方发达国家的城市家具有二高、三强、三多、一少的特点：材质标准高，与环境融合度高；造型艺术感强，实用性强，地域文化个性强；设计创新多，公共艺术占比多，简约形式多；部件节点少。无论中国还是西方发达国家，城市家具都是一座城市环境的重要组成部分，是不可或缺的城市景观元素，是一座城市家具文化代表，是一座城市实力的象征。

富有魅力的城市家具系统 —— 法国小镇安纳西（Annecy）

安纳西是地处于法国东南部的小镇，它坐落于阿尔卑斯山脉的西北麓，比邻瑞士日内瓦，是阿尔卑斯山下最美丽的小镇之一，人们称它为"阿尔卑斯山的阳台"。安纳西既有法国式的浪漫，又有瑞士般的恬静优美。安纳西有新城和老城之分，它拥有着享誉全欧洲最纯净的湖泊——安纳西湖，围绕着安纳西湖纵横交错的街巷便构成了安纳西的老城。

安纳西的城市家具种类较多，功能齐全，可以满足人们各式的要求。安纳西的城市家具保持了与街道环境的整体性与协调性，无论是在造型上，还是在色彩与材质上，都是系统的、规范的，具备了功能性与视觉性的完美统一。

绿色是包容性的色彩，它代表着生机，是充满活力的色彩。安纳西的城市家具系统都采用绿色，局部点缀白色，统一而不单调，优雅地融入小镇环境中。

1	3 4 5 6
2	

图1-6. 系统建设的安纳西城市家具

标志的系统运用

为了让城市家具充分显示出地域识别性，欧洲许多小镇都通过小镇标志的运用体现小镇的特色文化属性。多数的小镇标志加上当地的语言文字，形成了小镇独特的文化符号。小镇的标识、辅助图形等被运用到城市家具中。小镇的标识上没有过多的杂乱信息，在许多公共设施上都会看到。例如信息牌上小镇标识图形，公交站牌上小镇标识图形以及小镇井盖上的标识图形等。标志在城市家具中的系统运用促进了小镇特色化的呈现。

	2	4
1	3	
	5	6

图1. 法国安纳西艺术化路灯
图2-6. 标识在安纳西城市家具中的系统运用

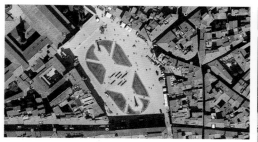

以人为本

　　欧洲小镇非常注重"以人为本"的思想，不仅为小镇居民提供了舒适的步行空间，还营造了许多休闲广场，这些广场不仅是休闲广场，还是文化广场。广场中心通常都会有代表地域文化及现代艺术的雕塑作品。广场上为人们提供各种功能的城市家具，满足了人们在休闲娱乐上的需要，人们可以在广场上进行休憩活动，还可以感受文化所带来的熏染，同时加强了人与人之间的互动，使小镇居民能够真正地慢下来、静下来。同时在广场的周围一般会建有商业街，能够很好地满足人们的购物需求。小镇中城市家具系统化的运用，真正加强了小镇公共空间的使用率。

1	3
2	4 5 6

图1-3,图5-6. 设置在佛罗伦萨新圣母大殿广场的城市家具
图4. 意大利佛罗伦萨新圣母大殿卫星地图

公共艺术

　　公共艺术在城市家具中，占比重大比重多，无论是欧洲发达国家，在日本也是这样。在城市街道上，小镇里公共艺术，或具有艺术性的城市家具比重多，在很多公共场所如火车站、公园、街道旁等，非常多的艺术品与艺术化的设施设置其中，与城市环境一起，营造了满满的艺术氛围，同时也给人们提供了清晰与宜人的视觉或使用体验。艺术性通常是一种文化的强烈表达，传达当地的历史文化与民俗风情，反映城市特有的风貌与色彩，从而展现城市特有的风采与市民的文化素养。

精致的工艺

    造型各异的城市家具，造型无论简洁或复杂，其材料与工艺十分精致。多数城市家具具有高效率的功能、高质量的材料、精致的工艺及后期维护，这与我们国家的城市家具现状形成了鲜明对比。

1	3
2	

图1. 德国尚贝里的艺术座椅
图2. 德国尚贝里的艺术化标识牌
图3. 瑞士日内瓦的环境艺术

复合性设计

　　许多城市家具独具人体工学和人类聚居学特性，如花坛、台阶、水池等大多与坐凳、靠椅相结合，既简洁美观，又方便大众，是多功能的座椅。城市家具往往可以把几项使用功能集于一身。

绿色出行

　　欧洲城镇有着系统完善的交通公共设施，在整个交通布局上，采取了科学合理的措施，很好地避免了交通拥堵等问题，采用人、车分离的方式，人与车、车与路的矛盾得到了很好的解决。在路面上可以很清晰地看到自行车专用道的标志信息，很好地避免了机动车与非机动车混行的现象。为了满足人们的诉求，更好地管理停车规范，规划建设了充足的地上停车区域。这些措施的实施，有效保证了交通的有序运行。

T
小镇不小
he Small Cities and Towns are not Small.

西方发达国家，有许多世界名企都诞生于小城镇上，如雀巢咖啡总部设在瑞士沃韦小镇，"法拉利"、"兰博基尼"、"玛莎拉蒂"、"德·托马索"等多家世界名车公司总部设在意大利摩德纳，德国可称为"世界名车之都"；德国的"清华"慕尼黑工业大学就坐落在德国巴伐利亚州弗莱辛小镇上。小城镇独特的文化、历史、环境、生态、人文是吸引一些大企业、大机构落户小镇的原因。小镇环境设计和企业的发展通常可以起到相互促进的作用。对于小镇而言，这些大企业和大机构的入住，为小镇带来了更多的工作机会、文化活力和经济实力，企业出于对自身形象的考虑，也会积极参与到小镇的建设工作中，为小镇的总体环境建设做出贡献。这是值得中国小城镇建设发展学习之处。

意大利博洛尼亚(Bologna)——Eataly

FICO Eataly World 是一座位于意大利博洛尼亚的农业与美食主题公园，这个占地 10 公顷的主题公园旨在让游客深入体验意大利美食文化和过去数十年农业生产和加工的演化过程。主题公园内有 2 个露天农场和马厩、40 个食品工厂、超过 45 个餐厅和美食摊位、6 个教室、电影院、可容纳 1000 人的会议中心、与 4 个大学合作的基金会等。

整个主题公园分为了六个板块，分别是：种植和养殖区域（Farms & Breeding）、购物区域（Shops & Marketplace）、农产品加工厂（Factories）、培训和教育（Training & Education）、餐厅（Restaurants）、活动区域（Events Spaces）。这些不同的区域为顾客们提供各种各样的服务，种植和养殖区域的农场里饲养着 200 多种动物，田地里则有着超过 2000 种不同的农作物，食品工厂里则可以了解奶酪、意面、橄榄油、啤酒、糖果等食物是如何加工出来的，餐厅、咖啡厅、小酒馆和美食摊位上可以尽情品尝传统的意大利美食，教室和剧院里每天都有不同的活动和与食品相关的课程。这个美食主题公园内除了提供美食之外，更多的其实是科普自然相关的各种知识，探索人与地球之间和谐共生的关系，了解植物是如何生长的，明白食品工业是怎样运作的。

| 1 | 2 |
| 3 | |

图1-2. FICO Eataly World
图3. FICO Eataly World地图

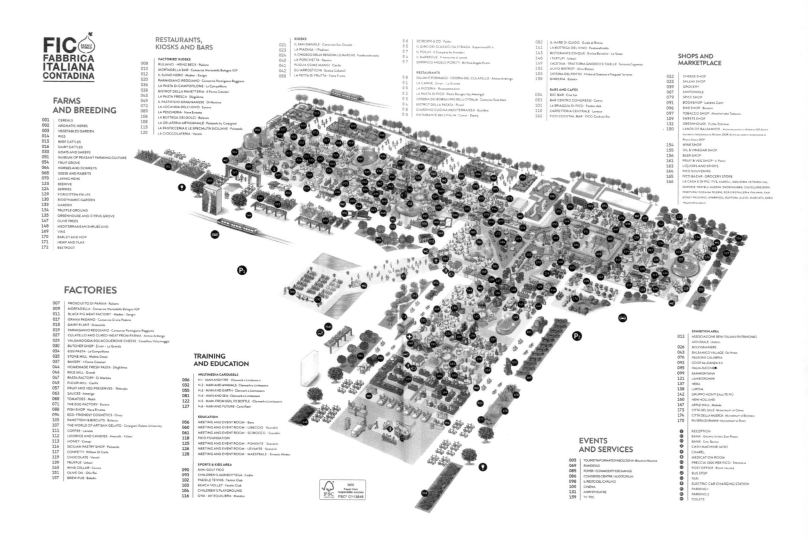

公园游览项目

　　不同于其他主题乐园，FICO Eataly World 是免费入园的。进入园区之前首先就会看见摆放有上千个不同种类的苹果大门，这是因为意大利是全世界苹果种类最多的地区，拥有一千种以上的苹果品种，在这里人们从进入大门这一刻起，就可以感受到意大利丰富的美食文化。进入乐园后，游客们可以由向导们作为"生物多样性大使"带领游客参观整个公园。探索公园里多样的动植物，也可以体验食品工厂内的各道生产工序。游客们在参观的过程中将会从向导那儿了解许多有关食品的历史、掌故和见解，这些向导们不仅将是博洛尼亚的形象窗口，也是意大利美食、美酒文化的传播者。或者，游客们也可以借用这里的自行车自行游览、购物，还可以找一家餐厅享用最正宗的意大利美食，体验意大利式的慢生活。

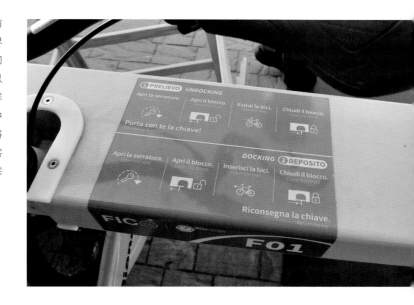

1　2
3　图1. FICO Eataly World内可租赁的自行车
　　图2-3. 丰富的展示展览空间

<table>
<tr><td>1</td></tr>
<tr><td>2 3</td><td>4 5</td></tr>
</table>

图1-5. FICO Eataly World内艺术化的展示空间

"La terra ha una pelle, e questa pelle ha delle malattie. Una di queste malattie si chiama uomo."

- Friedrich Nietzsche

图1-8. FICO Eataly World六大主题的多媒体互动体验区

六大主题的多媒体互动体验区

为了避免游客感觉单调，Eataly与麻省理工学院合作设计了六个主题的多媒体互动体验，包括人类与火（Man & Fire）、人类与动物（Man & Animals）、人类与地球（Man & Earth）、人类与海洋（Man & Sea）、人类：从土壤到瓶子（Man：From Soil To Bottle）、人类与未来（Man & Future），分别从六个角度表现了人与食物间的联系、食物在人类社会的发展历程，探讨了人与食物之间的关系，让人们可以更加深刻地感受到食物的价值。

FICO Eataly World 最重要的意义就在于向全世界的游客宣传意大利美食，展现意大利的传统文化，让全世界的人们都了解并且热爱这种意大利式的生活方式。在这里随处可以看到意大利美食地图，向人们介绍这里的各种食物分别来自哪些地区，让游客在品尝美食的过程中，潜移默化地了解意大利的地理、文化和历史，让每个来到这里的游客都爱上意大利这个物产丰富、美食多样的国家。

FICO Eataly World 内的经营者包括了公司、合作社和小手工制作者，他们都对美食怀有同样的热情，致力于将意大利最好的美酒佳肴推广到世界各地，让全世界的人们都能体验到高品质的"意大利制造"。FICO Eataly World 的成功之处在于，首先它满足了食品从产地到餐桌的通路平台，其次它教育引导了人们对食物的认知，最后，它向全世界宣传展示了意大利的美食文化，将一个食品卖场打造成了一个国家的宣传窗口。

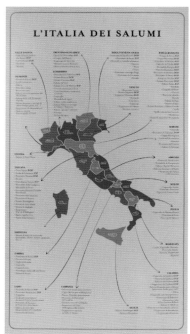
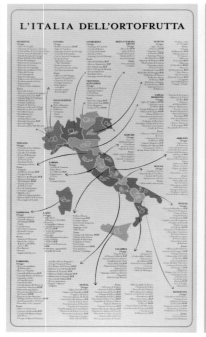

```
┌─────────┐
│ 1    3  │
│      4 5│
│ 2    6  │
└─────────┘
```
图1，3-6. FICO Eataly World室外展区
图2. 意大利美食地图

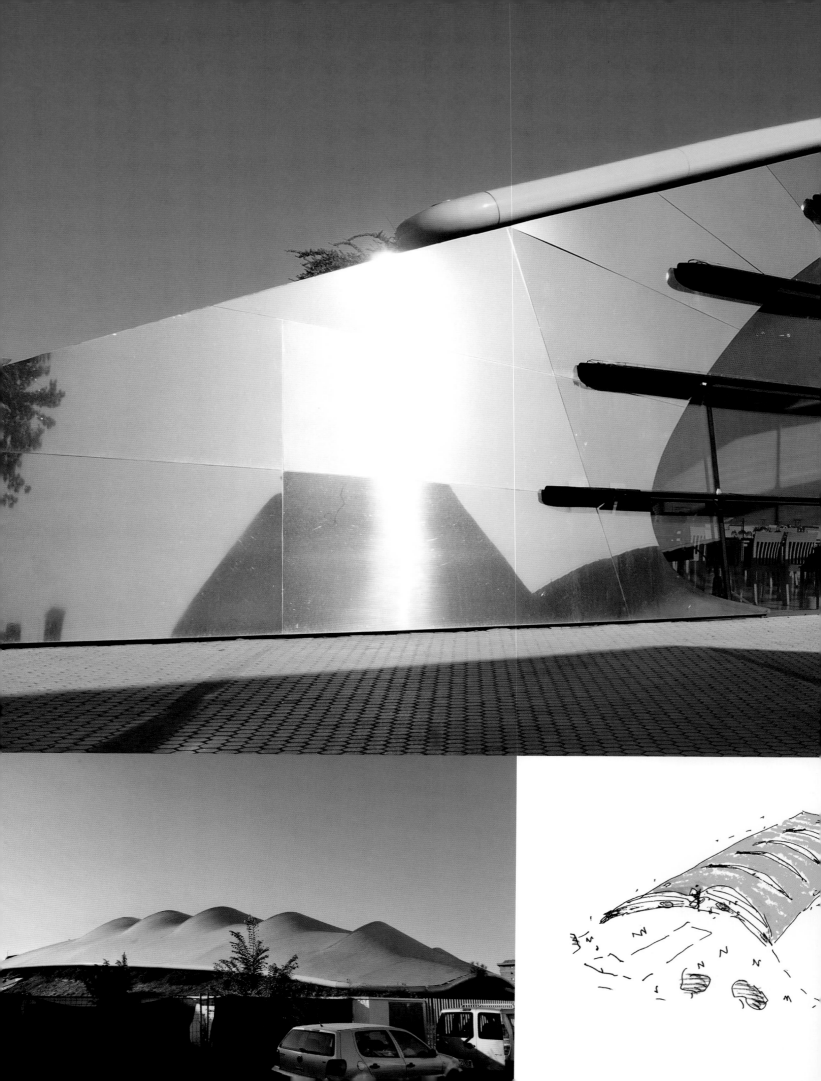

意大利摩德纳(Modena) —— 法拉利(Ferrari)

摩德纳是意大利北部城市，位于波河的南岸，是意大利传统的工业、农业重镇，也是意大利最安全的风景游览胜地和最重要的历史文化名城之一。一直以来，摩德纳市被评为意大利国内生态环境保护最好、社会治安最佳、人均受教育程度最高和人均收入最高的城市之一。然而对于许多意大利人来说，速度和名车才是摩德纳真正的品牌标签，意大利著名跑车品牌法拉利（Ferrari）、兰博基尼 (Lamborghini) 和玛莎拉蒂 (Maserati) 都发轫于此，摩德纳也被称为"世界名车之都"、"引擎之都"。

摩德纳的法拉利博物馆

在摩德纳有一座法拉利博物馆，该城市也是法拉利的创始人恩佐·法拉利（Enzo Ferrari）出生的地方。这座博物馆的建设成本大约为 1800 万欧元，

建筑分为两个部分，分别是一座和 19 世纪古建筑相结合的展览空间，以及一座十分现代的展览大厅。这座 19 世纪的老建筑曾经是恩佐·法拉利先生出生时的房产，但在法拉利先生实现梦想的过程中，曾将这处房产卖给一家经纪公司，几经周转，现在这座房产被一家名为 Fondazione Casa NaTALE Enzo Ferrari 的机构买下，并将它改造成了现在的法拉利博物馆。与这座老博物馆相邻的就是于 2012 年开放的展览大厅，设计师 Kaplicky 希望在两座展览建筑之间建立一种对话，不仅要考虑到法拉利公司原有的建筑风格，还要强调这座新建筑是由多种元素组成的一个统一体。

```
1
2 3
```

图1-3. 意大利摩德纳法拉利博物馆

博物馆新馆的建筑设计

博物馆新馆采用流线型的外观设计，极具未来感，在黄色的屋顶上有 10 个模仿汽车发动机进气通风口形状的切口，这些切口不仅契合了博物馆的主题，还具有促进室内自然通风、引入充足自然光线的作用。新馆的展览大厅是一个巨大的、开放的白色空间，这里的墙面和地面缓和的过渡，仿佛不存在边界，是一个巨大的整面。一个拉伸的半透明薄膜将屋顶天光洒进室内，强调了展厅内的汽车。博物馆里面有各种展车，许多各种罕见的恩佐·法拉利生前的汽车文件和设计图纸，还设置了多媒体体验中心、书店、咖啡店等。整个博物馆以黄色作为主题颜色，黄色是法拉利商标的背景色，现在黄色也是摩德纳的城市代表颜色。

图1-4. 意大利摩德纳法拉利博物馆
图5. 意大利摩德纳小镇街景
图6. 小镇地图

瑞士沃韦 —— 雀巢公司总部

位于日内瓦湖湖畔（Lake Geneva）的瑞士小镇沃韦（Vevey），是一座将湖光山色的美景与现代化发展完美融合的国际化小镇。

沃韦又被称作"巧克力之乡"，世界著名的雀巢公司总部就在沃韦，现在的雀巢总部大楼已经成为沃韦标志性的建筑之一。昔日的雀巢总部旧址现在已经成为全球唯一的食品博物馆，为了纪念食物博物馆建馆十周年，雀巢公司与政府合作，在博物馆对面的日内瓦湖湖水中竖立了一个高达八米的叉子，寓意上帝吃饭时不小心掉下来的叉子。在叉子前的湖滨礁石上还摆放了一些座椅，游客们可以在这些座椅上欣赏日内瓦湖的美景。如今这座雕塑已经成为沃韦的新标志。

雀巢公司的互动式展览探索中心

雀巢公司在成立150周年时建起了一座耗资4500万欧元的互动式展览探索中心，探索中心简称为"巢"（nest），选址在雀巢创立时的第一家工厂遗址处。探索中心内部分为五个互动展览区，意图通过与游客休闲互动的方式，讲述雀巢巧克力和其他产品的故事，其实也就是展示这个全球最大的食品公司的过去、现在以及未来。整个展区的中心被一个巨型白色装置占据，这个装置本身也成为展览的一条主要游览路径，可以连接到展区的各个位置。进入夜晚后，在夜景主题的灯饰光照环境下，白色雕塑还会显出渐变的彩色纹理，颇有些童话世界的味道。

展览中心内嵌有一座小型双层博物馆，用以展示雀巢150年历史中的经典产品，比如第一台Nespresso 咖啡机的原型。Fondations 区域，则创新地应用在同一工业时期发展的早期电影技术，结合光影、幻灯机和皮影戏等方式，让人们产生回到过去的错觉。许多互动装置作品的设计都意在鼓励游客们多多了解食品营养与安全知识，尤其是一些微型人偶玩具，供小朋友们玩乐。Visions 区域代表着雀巢的未来，参观者可以通过游戏和虚拟现实来体验雀巢创意十足的发明。

1	4
2	5
3	

图1-5. 雀巢公司的互动式展览探索中心

国外产业型特色小镇建设的主要特征

区位选址：
产业型特色小镇的选址与当地的历史传统有很大的联系，其空间选址往往更遵循产业区位理论，是某一类产业市场配置的结果，传统产业的不断创新使地区焕发生机。因此，不同产业类型的特色小镇区位也不尽相同。

产业特色：
特色小镇的"特"主要体现在产业特色上，一个小镇必然有一项与众不同的产业，产业链的主题性强，体现了小镇的"小而精"。虽然大多数特色小镇在形成初期是以工业生产制造为主，但随着企业的壮大，不论是产业链拓展还是小镇的功能都逐渐围绕主题产品而发展。小镇从业者大部分与主题产业相关，产业逐步从传统制造业向旅游业延伸，实现产业联动、产业共生。

功能分区：
与传统产业园区较为单一的生产功能不同，特色小镇的功能综合性强，不仅有企业生产办公功能，也有社区生活、旅游休憩等功能。不同产业类型的小镇，其主导功能会有所侧重，如生产制造类小镇通常以生产功能为主，文化创意类、康体旅游类小镇则旅游休憩功能比重较高。

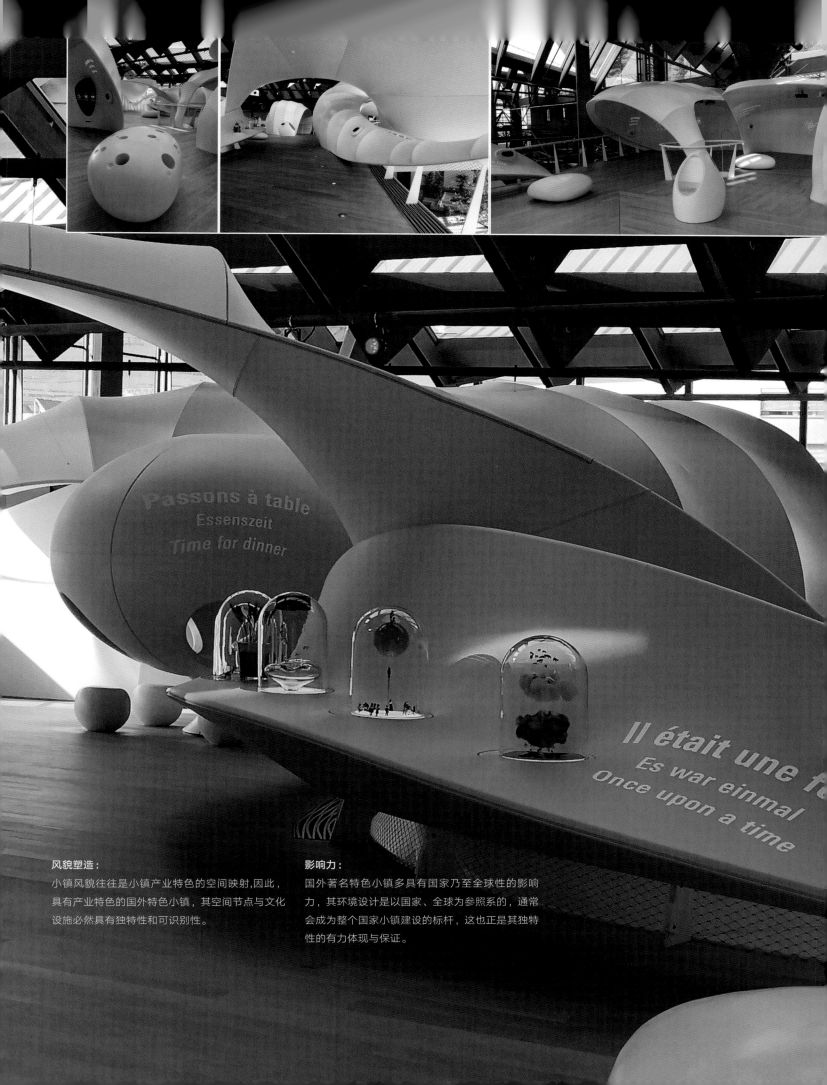

Passons à table
Essenszeit
Time for dinner

Il était une f...
Es war einmal
Once upon a time

风貌塑造：

小镇风貌往往是小镇产业特色的空间映射,因此,具有产业特色的国外特色小镇,其空间节点与文化设施必然具有独特性和可识别性。

影响力：

国外著名特色小镇多具有国家乃至全球性的影响力,其环境设计是以国家、全球为参照系的,通常会成为整个国家小镇建设的标杆,这也正是其独特性的有力体现与保证。

78

Comprehensive Improvement of Environment in Small Cities and Towns

小城镇环境综合整治篇

E特色小镇环境整治
——浙江省台州市横街镇之美丽蜕变
nvironmental Renovation of Small Cities and Towns with Characteristics

近年来, 浙江省台州市路桥区横街镇以"宜居、绿色、生态、海绵、智慧"为目标, 通过小城镇综合治理, 致力于打造工业智造强镇、生态人文古镇、美丽乡村名镇。2015年开始小镇环境整合整治, 是浙江省最早启动小镇环境综合整治的小镇, 因为成绩卓越, 现已获得浙江省小城镇环境综合整治样板镇、国家第三批农村综合改革标准化试点项目。漫步横街, 能感受到时尚和怀旧气息的相得益彰;白墙黛瓦的传统建筑和逶迤的西式长廊、石库门等和谐统一、相映成趣;融入海绵理念, 结合小型湿地的安宅公园风情独特。横街已形成了民国建筑风格为主体, 凸显抗日英雄故乡文化的现代化小城镇。

国家农村综合改革标准化试点项目
浙江省小城镇环境综合整治样板镇

横街的魅力，首先在于它积淀深厚的历史文化。一千多年前，这里的大部分土地，还是东海的滩涂，只有横街山、九郎山、洋屿山等矗立在海岸，见证了当年的惊涛骇浪。

横街山南的天赐湖，曾经是繁忙的港湾，船舶残桅遗留至今。大海无情，人有情。唐宋年间，人们在横街山、九郎山，陆续建起了慈德寺（唐代古寺）、崇禄寺、海神庙，用千年不绝的香火和代代相传的佛家至宝"贝叶经"，祈祷着生活的富足与安宁。历史上的横街饱经忧患。中国十大古典名谣之一的《树旗谣》最早就在这里开始传唱。1348 年，农民起义领袖方国珍从洋屿山出海，树起了反抗元朝暴政的大旗。在坦田村明清古建筑群中，坚固的碉楼、高大的石基院墙，是当年抗击倭患匪乱的军事设施的残存。现在的镇里，还有千年古街的遗迹。

横街不是一条街，横街是一座山。

横街山位于浙江省台州市路桥区中部。横街镇面积15平方公里，耕地1.27万亩，户籍人口约2.8万人。北依台州机场，东南连接金清港，距台州铁路南站仅10千米，陆海空交通便捷。

今天的横街镇已经是旧貌换新颜，与原来小镇是天壤之别。作为一个普通的浙江省小镇，横街镇曾经和全国千千万万小镇一样，在改革开放40年的时间里以粗放式的建设模式发展着。整个小镇的建设由于缺少深度规划、细致建设以及有关政策的指引和支撑，出现规划意识的不足和建设理念落后等各种问题。整体环境脏乱差，建筑多为农民自建

房，没有任何图纸依据。这些问题是横街镇的问题，也是中国小城镇普遍存在的问题。

面对这些问题，横街镇人民政府特邀环境设计方面的大家——东华大学环境艺术设计研究院院长鲍诗度教授，对横街镇进行了全方位规划，进行系统性设计。鲍诗度有着成功经验，2011年度为响应广东省委省政府名村名镇建设，广东省珠海市斗门区和斗门镇人民政府委托鲍诗度教授来掌舵，鲍诗度带领团队用两年时间对斗门镇和斗门老街进行全方位环境改造设计和环境修复更新，2013年斗门镇获国家文化部和文物局授予的第五届中国历史文化名街称号，2014年3月获国家住建部和国家文物局

授予的第六批中国历史文化名镇称号。2017年获由国家住建部颁发的国家第二批特色小镇称号。

整个小城镇规划深入贯彻落实中央一号文件，以及浙江省小城镇环境综合整治三年行动计划精神，基于自身产业形态、文化特征，因地制宜地进行小镇建设改造和综合环境整治。横街镇整体规划采用民国建筑风格，有两方面原因，首先是经过对横街镇全域的多次考察，发现横街镇的建筑形式至今仍有许多民国建筑风格遗存。从中提取原有建筑形态中的拱券、中式坡屋顶、欧式护栏等民国建筑风格，同时融合了柱子、外廊等欧式建筑元素，使建筑群既有中国传统的中轴线主建筑格局，又有透

迤弯曲的西式长廊。其次，横街镇采用民国建筑风格与中国抗日将领陈安宝也有很密切的关系。陈安宝是民国时期国民党的爱国将领，是抗日战争中国民党军队里牺牲的最高将军之一，他为中华民族文明的延续而英勇献身，他是中华民族的脊梁和灵魂代表。对于我们年轻一代来说，战争已经远去了，但是抗战的那种精神并没有远去。找回这些伟大的精神，是对我们优秀文化的一个传承和继续。而横街镇的建筑就是一个载体，承载了文化和历史。

近年来，横街镇人民政府紧抓横街镇小城镇建设的历史机遇。以时不我待的历史使命感和勇于开拓的气魄推动小镇快速发展。在这两年的时间内，改善人居环境，不断提升小镇的整体形象，对中心集镇片区进行改造提升工程，大力推进菜场、广场、市政工程建设，对中心集镇六条街区进行功能定位和业态布局。规划新兴路及沿河路等休闲项目，实现了绿化、亮化、美化、净化、硬化目标，使中心集镇面貌焕然一新。借助美丽乡村建设等项目，重点打造安保系列，进行产业和基础配套。使农村人口就近城镇化，"一户一业一院落"的田园景观逐步形成。小镇的品位不断提升，基础设施、公共服务配套功能日趋完善，为横街镇标准化建设发展奠定了坚实的基础。昨天的横街，浙江省小城镇环境综合整治样板镇之一已镌刻在历史的丰碑。今天的横街，一个宜居、宜业、宜游、宜文的全新民国街道正朝我们扑面而来。明天的横街，通过全域规划的小城镇建设，必将成为浙江省最具吸引力的滨海小镇，吃、住、行、游、娱全面贯通，一个高品质的小镇将全面形成，它将以更高的品位、全新的面貌屹立在东海之畔，展现出最美民国风情小镇的风采。

文：王江

不忘初心 改造为民
Never Forget Why You Started Transforming for the People

横街不是一条街，而是台州市路桥区的一个小镇。横街镇的历史古老而悠长，九郎山脚的慈德寺，据说是唐代古刹。元朝末年，农民起义领袖方国珍就在这一带活动。现在的镇里，依然保存着千年古街的遗迹。横街镇也是抗日名将陈安宝的故乡。

改革开放后，横街靠印刷起家，成了远近闻名的"印刷之乡"、经济强镇。这40年来，横街镇发展迅速，但是，与国内许许多多小镇一样，千城一面，没有特色，没有个性，没有亮点，环境秩序混乱、交通堵塞，新建筑缺少文化内涵，在规划、人居环境等方面存在着诸多问题。

为了抓好小城镇整治工作，建设美丽横街，进行了深入的调研，发现横街的建筑风貌还部分保持着民国的风格。如果以这一建筑风格来统一小镇环境，就能让整个横街镇显现出厚重的历史感和文化底蕴，同时让陈安宝的抗日精神内化为横街人民继续前行、大步跨越发展的动力。因此，在这一轮小城镇整治中，改造因地制宜，立足现状建筑，提取文化元素，融入现代理念，运用新型材料，以沿街立面更新为主体，以城镇入口牌楼建设为亮点，还原民国建筑特色。使横街镇既凸显抗日英雄故乡的文化个性，又呈现当地人民不畏强暴的台州硬气。

工业是新横街的立镇之本。在环境整治中，我们坚持以工业旅游为引导，产城结合，突出城镇建设中的产业风貌，尤其突出以生态环境、智能厕所为体现点的智慧城镇特色。

横街镇以"宜居、绿色、生态、海绵、智慧"为发展策略。通过城镇环境"微创手术"，减小对居民生活的影响，提高城镇品质，创建魅力小镇。横街镇的规划故事只刚开了个头，精彩将会在今后的整治过程中不断呈现。

文：鲍诗度

S系统设计 重塑小镇
ystem Design Reshaping Small Towns

将理想与现实相统一，用设计的核心思想贯穿始终。第一是因地制宜，在这是贯穿横街镇整体改造的一个核心思想。做设计都普遍存在一种理想性，就是追求尽善尽美。设计师本身也是艺术家，艺术家往往心中有自己的一个王国，有个理想境界，但是这种理想目标与现实的差距太大，甚至无法实现。所以要因地制宜，比如安宝广场所有的树木，我们保留并使用，只对树木位置进行一个合理调整。此外，横街镇的其他环境改造，包括道路改造、街道立面改造等，都是因地制宜。因地制宜就是在实际情况与理想状态中找到一个最佳的节点，既节约了成本，又呈现了艺术美。

第二是花小钱，办大事。横街镇的改造尽量节约成本。如安宝广场的改造，尽量在原有的基础上合理规划。广场道路不平就抹平；使用面积太小，那就调整布局，扩容增大；环境颜色杂乱无章，那就刷涂料统一；建筑外立面依据整体协调而改造；整体环境统一风格。横街镇将近 40 个项目，现在还在增加，整治项目多，整治范围广、面积大。少花钱，多办事，需要有强烈的节约意识。总之，横街是改造，不是重建。就是去其糟粕，留其精华。从整体上理顺环境关系，进行"微创整形"，横街镇整环境与空间都要和谐统一，风格特色凸显，成为美丽的宜居之地。

作为省级样板镇、国家标准化试点项目，"横街模式"具有推广价值。横街镇的改造成功对中国小城镇的发展有一定借鉴作用。整个横街镇的设计和建设贯穿一个基本理念——系统设计，系统设计涉及多个专业相结合，它包括规划、建筑、景观、标识、市政等。

横街镇需要作为一个整体系统来看待，系统设计必须要有整体性。系统设计必须做到整体设计，什么叫整体？就是将环境看成一个整体。还要考虑两个方面，一是从各个层面上考虑政府经济预算；二是老百姓是否能参与到改造整治中。所以系统设计在实际中需要综合性的管理，即系统设计和综合管理，两者相叠加。比如我们在设计过程一定要因地制宜，怎么因地制宜？因地制宜涉及费用投入，也涉及老百姓参与，还涉及其他具体问题，进行细致对待。这个对待的过程其实就是管理过程，就是项目管理。所以概括下来，系统设计加综合管理，才能使小城镇宜居、宜业，使老百姓过上一个好的舒适的生活，提供一个美好的环境。

| 1 | 2 |
| | 3 |

图1-图3. 横街镇立面改造成果

项目信息

项目名称：	台州市路桥区横街镇小城镇环境综合整治工程EPC工程总承包
项目地址：	台州市路桥区横街镇
项目投资：	129790000元（大写：壹亿贰仟玖佰柒拾玖万元）
项目规模：	主要包括市政、建筑、室内及景观等工程，含给工程的设计与施工。镇核心区域重点整治面积约1.45平方公里
设计时间：	2017年7月
建设时间：	2017年8月
项目业主（委托方）：	台州市路桥区横街镇人民政府
设计单位：	东华大学环境艺术设计研究院&上海荣合城市家具发展有限公司
总设计师：	鲍诗度
设 计 师：	杨敏、赵倩、郑燡呈、查鹏、刘博、赵天成、杨凤菊、张志丹、罗玉钿
摄 影 师：	王国洋、朱文秀、沈丹妮、赵倩、张瑞、查鹏、玉荣

文：赵倩 叶琼贤 郑燡呈 查鹏 赵天成 罗玉钿

C "EPC" 建设
将规划与设计完整呈现

Construction of "EPC" with Complete Presentation Planning and Design

受横街镇人民政府委托，横街镇综合环境整治 40 个项目进行设计施工总承包。小城镇创新 EPC 模式是东华大学环境艺术设计研究院、上海柒合环境艺术设计有限公司、上海柒合城市家具发展有限公司的第一次创新尝试，创新主要体现在小镇环境综合整治 EPC 模式与系统设计的结合。

横街镇的创新 EPC 模式与传统的项目模式有很多不同。传统的项目模式是设计施工相分离，设计单位只负责设计，施工单位只负责施工。EPC 模式是设计方总牵头，组织、引导、带领施工单位共同完成任务。传统模式下不仅设计、施工分离，对应的责任也分离。EPC 模式下，设计方作为总牵头方，施工环节出问题，第一追究人就是设计方。因此，设计方相比以前权利变大的同时责任也变大，责任和义务是对应的。

小城镇建设采用 EPC 模式跟传统的项目模式比较，有很大优势，具有"短、平、快"特点。EPC 是多个项目在一起，同时进行设计、施工的最好办法。如果按传统的项目模式进行，政府每个项目都要走一个招标程序，几十个项目下来，它的实现周期会变得特别长，想尽快完成这些项目就很难快速有序推进。横街镇 EPC 项目到目前为止，已经做了三十多个项目。从 2017 年 8 月份到现在一年的时间，这三十几个项目主体工程基本上都已建成。要是按照以前传统模式进行，一个个项目来建设，那三十几个项目至少得三到五年才能实现，现在基本在一年就实现，高效率、低投入、成果显著、见效快。

EPC 模式中最难之处是各个部门的工作协调。其中包括业主方、设计方、施工方、监理方，还有审计方、预算方等。对于参与的各个部门，主要是信息的互通、项目的意图传达、进度的推进等。因为 EPC 具有设计跟踪性，它属于边设计、边跟踪、边审计、边施工。那么 EPC 最辛苦的就是设计施工总牵头方。作为总牵头方，不仅要把所有部门协调好、衔接好，还要给业主（横街镇人民政府）一个完整反馈。同时及时做好工程日记以及会议纪要，让各部门各司其职，各负其责，防止各部门都牵扯不清，推诿拖拉。所以横街镇小城镇环境综合整治采用 EPC 模式最难的就是做好相关部门的对接，只有把各部门都衔接好了，基本就成功一半了。推动以设计为龙头的工程总承包对小城镇建设具有整体性优势。小城镇综合环境整治涉及市政、建筑、景观、室内装饰、修缮等，专业种类繁多，工程类型基本都是改造、整治，不是新建项目。由于历史原因，大部分没有原工程图纸，一切都要重新设计出图。改造对象外表与内部往往是不一致，工程复杂难度系数普遍很高。在整个工程设计、施工建设过程中，始终抓住问题的以人为本、因地制宜、环境美学的牛鼻子。主要成功经验是：一、环境整体性系统设计，全面整体系统对待横街镇 40 个项目中大大小小的问题、各式各样的专业问题；二、从工程启动到全部项目竣工验收结束，设计团队全程进驻现场，随时解决现场各式各样的问题，重大问题报送总部解决；三、每日举行工程项目问题汇总，及时通报各方解决；四、协调各方及时召开各方会议，以会议纪要形式落实各方需要解决的问题责任和完成时间、质量；五、以标准化引领工程建设，制定多项具有实际工程建设指导作用的标准化文件，规范工程建设与工程管理。横街镇小城镇 EPC 模式实践系统化、标准化的指导思想与实践是工程有效的质量保障。

图1. 横街小城镇环境综合整治规划平面图

横街镇的问题
也是中国小城镇普遍存在的问题

"脏" "乱" "差"

政策问题：过去的小城镇建设缺少品质建设的政策指引、政策支持

理念问题：过去自上而下对小城镇规划建设的意识不足、理念落后

模式问题：改革开放四十年粗放式建设模式

中国迈入新时代
高质量的发展必定给小城镇建设创建更多的
新机遇！新理念！新模式！

S 系统建设 美丽蜕变
ystem Construction
Beautiful Transformation

综合整治
八大系统建设

城市家具设置
特色风格构建
公共设施完善
建筑立面更新
景观节点打造
街道环境改善
河道环境治理
文化再提升

环境美丽	特色鲜明	设施完善	产业创新	规范管理
和谐宜居	文化彰显	生活舒适	持续发展	长效机制

1 | 3
2 |

图1. 陈安宝故居
图2. 横街镇老建筑
图3. 民国建筑风格

文化重塑 民国风情

文化是小镇立足的根基！横街镇只有挖掘文化，挖掘历史，把当地人文和历史融合才能更好地可持续发展。

经过对横街镇全域的多次考察，发现横街镇的建筑形式至今仍有许多民国建筑风格遗存。但是由于多为自建房，建筑本身存在着一些弊端。设计师在改造时，考虑留其精华，去其糟粕。建筑外立面的形态，因地制宜加以改造。巧妙提取原有建筑形态中的拱券、中式坡屋顶、欧式护栏等民国建筑风格，同时融合了柱子、外廊等欧式建筑元素，使建筑群既有中国传统的中轴线主建筑的格局，又有逶迤弯曲的西式长廊。由于农民自建房的结构在年代的洗礼下，有着各种弊端，需要一个稳固支撑起整个房屋的架构，又要保持与整个民国风格相吻合，综合考虑各种因素，为此设计师采用骑楼的形式，把结构与形式相统一。

另一方面横街镇采用民国建筑风格与中国抗日将领陈安宝也有很密切的关系。陈安宝是民国时期国民党的爱国将领，是抗日战争中国民党军队牺牲的最高将军之一，他为中华民族文明的延续而英勇献身，他是中华民族的脊梁和灵魂代表。横街镇需要文化灵魂的滋养，而灵魂需要载体延续，因此把整个小镇的精神文化凝固在民国建筑风格中，聚焦时代风貌。

"民国风格"，建筑学家称之为"洋风"。代表性的建筑有下关扬子饭店（今下关公安局）和记洋行（今南京肉联厂）建筑群。设计师挖掘横街镇的文化特色、历史特色，保留民国时期建筑风格的痕迹，研究民国时期建筑风格，发扬当地特色，最终定位为民国折衷主义建筑风格。

挖掘横街镇人文历史，融合地域风情，形成独特文化景观，为小镇提供不竭的可持续发展动力。

陈安宝，字善夫，国民革命军第二十九军中将军长，追赠上将，著名抗日爱国将领，是中国人民抗日战争进入相持阶段牺牲的第一位军长，也是浙江省在抗战时期为国捐躯的最高军衔将领。1891年出生于浙江省台州市路桥区（原属黄岩县）。

02 建筑立面更新

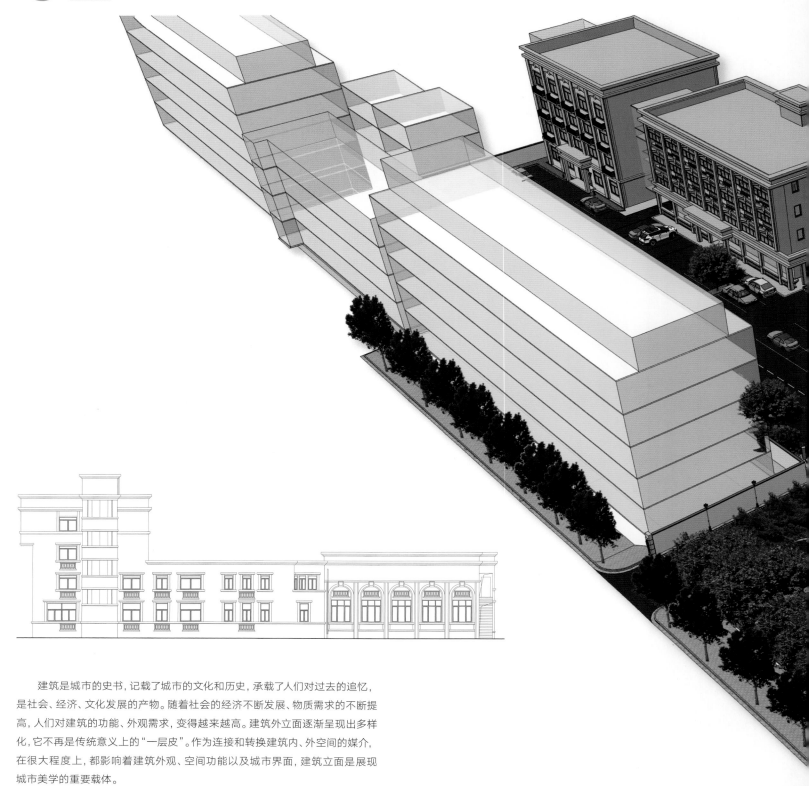

建筑是城市的史书，记载了城市的文化和历史，承载了人们对过去的追忆，是社会、经济、文化发展的产物。随着社会的经济不断发展、物质需求的不断提高，人们对建筑的功能、外观需求，变得越来越高。建筑外立面逐渐呈现出多样化，它不再是传统意义上的"一层皮"。作为连接和转换建筑内、外空间的媒介，在很大程度上，都影响着建筑外观、空间功能以及城市界面，建筑立面是展现城市美学的重要载体。

横街镇建筑各式各样，大多数是 20 世纪八九十年代的产物，建筑没有文化，形态各异 没有风格 建筑只是解决日常基本需求，这是中国小镇普遍存在的问题。横街镇的建筑外立面改造设计项目不仅是一个设计项目，而且是对既有建筑改造的研究，寻求更有效、更高速实施方法的探索。

设计团队在随着项目推进过程中，遇到了比较多的问题和外界条件的制约，其中包括所有的民用建筑都是农民自建房，无任何图纸存档，所有尺寸都需要每家每户实地测量。而且考虑到镇政府资金预算的限制，以及需要协调大部分住户的需求，整个设计方案反复调整，及时有效的沟通成为设计工作的重中之重。

1		3	4
2		5	

图1-图2，图5. 横街镇镇政府改造方案
图3-图4. 横街镇镇政府改造后实景

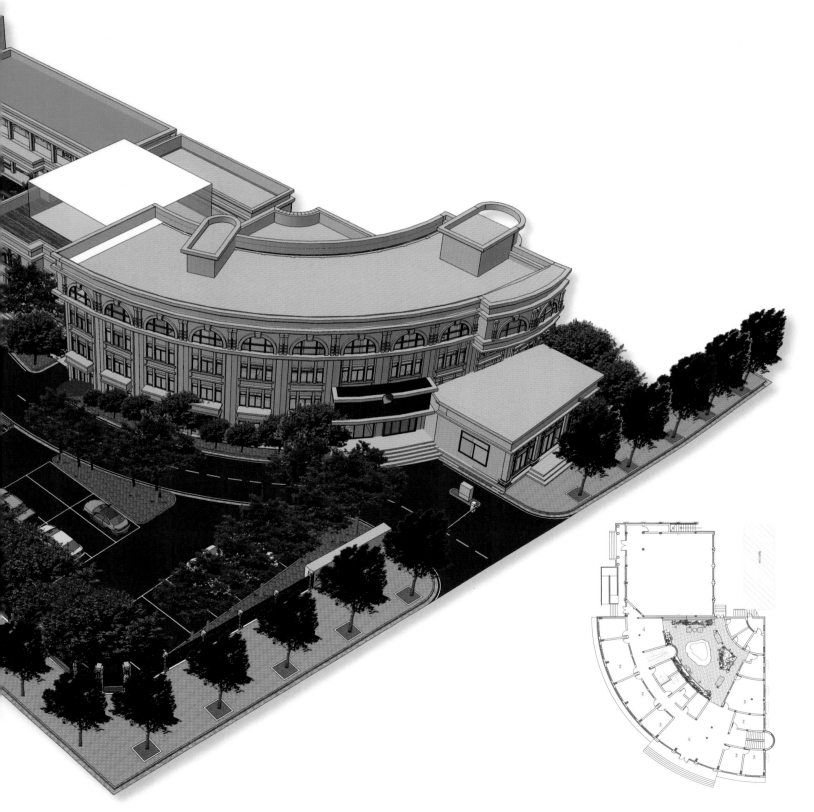

改造之初，设计团队与镇政府决策层经过反复沟通探讨后，确定了建筑改造风格定以民国折衷主义建筑风格。在后期的改造过程中，通过镇政府与住户代表介绍设计理念和设计方案，使绝大多数住户居民对改造风格有了一定程度共识和理解。外立面设计改造方案递交后，由镇政府组织公示沟通会议，再次同住户代表对确认方案达成的共识和认同。通过多阶段的反复沟通和交流，为下阶段设计工作以及后期施工实施，免除了不必要的矛盾和协调时间，为工期的推进提供了有利的条件。改造为民，只有让老百姓有了主人翁式的参与感，在后期成果的维护上，才能有更好的呈现效果。

镇政府办公楼设计于 1993 年，建设于 20 世纪 90 年代中期，距今已有 20 多年。其使用功能和周边环境急需改造。改造内容包括建筑立面整治、停车场扩容、室内改造与环境功能优化等。

设计定位是高效、便民、稳重、绿色。反映横街镇地方历史和文化特色，以改善政府办公楼外立面为主，解决和满足公共基础设施建设基本需求；立足以人为本，为镇政府改造工程及政府管理提出建设性建议；全面提升横街镇镇政府作为地标性建筑的整体形象。

1 2 图1. 横街镇镇政府改造后实景
图2. 横街镇镇政府旧貌

道路系统优化

　　拓宽、规整、理顺、秩序是横街镇道路系统优化的基本目标，标准、系统、规范、品质是横街镇道路系统建设的基本措施。横街镇的街道道路现状如同横街镇建筑一样，建设不到位，规划不清晰，留下的问题较多。因地制宜是基本原则，街道是构成小城镇空间的重要元素，横街镇中的主要街道是横街镇地域特色和文化形象的重要载体。随着横街镇的经济发展，原有无序、宽窄不一、不整的街道已经无法满足人们对环境美好的生存要求。违规占道、乱停乱放、环境卫生等方面急需整治。

　　重新布局中心河旁交通线路，双向通行变成单向，重新划分了人行道、非机动车道、机动车道的三行系统，大大疏通了小城镇道路系统肌理，给小镇带来了生机勃勃的活力。在原有道路宽度不变的前提下，调整合适的道路分布，解决不同的需求。特别是停车、车行、人行等的问题，在实际情况与理想状态中找到一个最佳的节点。

　　从整体上理顺环境关系，进行"微创整形"，横街镇整体环境与空间都要和谐统一，风格特色凸显，成为宜居、宜业、宜游之地。

1	2
	3
	4

图1-4. 横街镇道路系统优化

文化地标建设

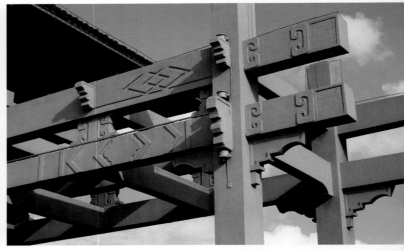

一个城市要有地标，一个小镇也要有代表小镇文化的历史地标，即是形象识别，也是小镇历史特色象征，容易让人记住它，转播它。横街镇的牌楼就是起到形象代言的作用。一座牌楼，一座牌坊，一北一西，既是地标又是"界碑"。

横街镇的两处牌楼与牌坊的设计不仅是传统的纪念性构筑物，更是标志性和艺术性的结合体。在选址上，新兴路是进入横街镇的北面主干道，而新横大道作为西入横街镇的重要交通要道，因此牌楼规划拟建在这两条路上。起到界碑的作用，区分横街镇与相邻村镇。

在牌楼具体设计中，特别是新兴路的牌楼设计，尊重牌楼的传统形式，传承牌楼的传统文化。在设计过程中，虽选用了四柱三进式的传统构造形式，但紧抓新兴路道路改造的契机，因地制宜地改进牌楼四柱三进式构造形式。不仅沿袭传统，又在科学合理的基础上再创作（二次创新设计）。牌楼的细部设计，比如雀替、梁柱上的花纹式样等，充分体现了民国折衷式主义建筑风格，

与横街镇的整体建筑改造风格遥相呼应。牌楼结构形式上选用了穿梁式结构形式，整体结构更稳固，而且更具气势和力度。让牌楼的标志作用和艺术价值充分体现，也为提升横街镇的印象和知名度而服务。

横街镇的牌楼建设是整个小镇环境整治工程中最早建设的项目，是设计方和镇政府共同邀请小镇民营企业出资建设的，是拉开了整个横街镇小城镇环境综合整治因地制宜建设的"序幕"。镇区范围内的广场、水域环境，道路环境得到园林景观化提升，以及建筑外立面都得到了整饬和优化。

1	2	4
3		5

图1-4. 横街牌楼
图5. 新横路牌坊

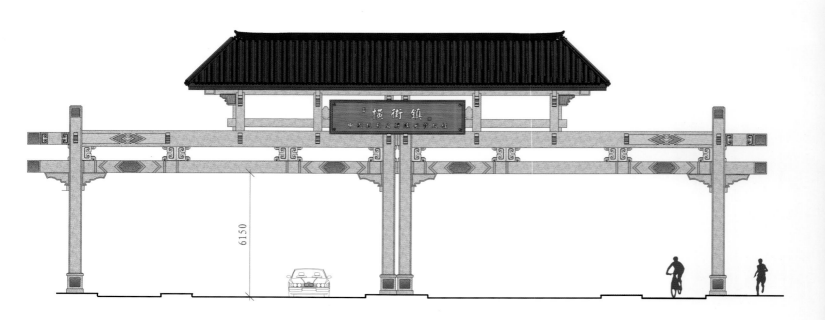

6150

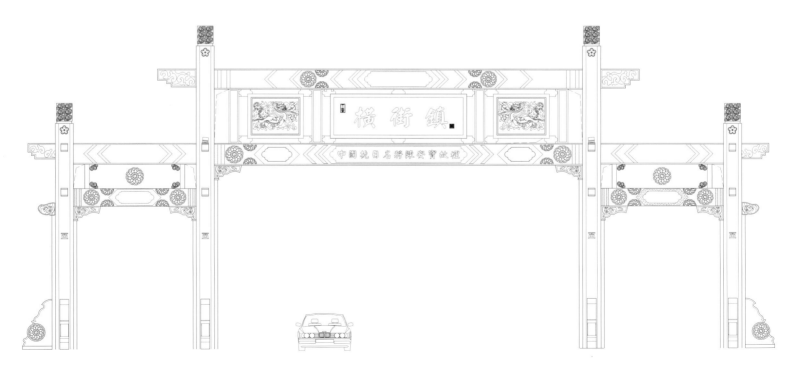

05 滨河环境整治

小镇，有水是美的，有贯穿整个小镇滨河，那更是得天独厚的美事。反之，河道污秽不堪，河道两边杂乱无章，到处垃圾，让人是什么感觉？对整个横街镇是什么形象？改造好美化好小镇滨河——中心河，让小镇迅速有一种苏州园林般的景观感，会让横街镇镇民们迅速体会宜居的幸福感，对于下一步启动全镇环境综合整治而扰民，会得到充分理解的基础。确实在后来小镇综合整治，

因为有了广泛的群众基础，没有一个因为环境综合整治工程出现群众上访。

中心河横跨整个横街镇，与台州水系相连接，中心河对于横街镇有着非凡意义，中心河就是横街镇母亲河。改造前横街镇中心河污染尤其严重，整体缺乏治理。主要现状问题有以下四个问题：安全问题、通畅问题、便民问题、卫生问题。安全问题是最大的问题，护栏老化，开放的阶梯码头利用率低，

完全丧失亲水功能，并且缺少安全措施。此外，码头阻断河道滨水步道的通畅性，使用时候必须绕行市政道路借用机动车道，影响车辆通行。我们调研中多次与周边居民沟通交流，感受得到他们对滨水休闲娱乐空间的迫切需求。鉴于以上现状问题，设计理念是以人为本、生态环保、致力改善当地百姓生活环境。以人为本是设计的根本出发点，针对百姓的游憩需求，以健康绿道为主线串联两岸空间，增设公共服务设施，提高百姓舒适性与便捷性。

改造后和改造前对比是显而易见的，改造前中心河两岸无人问津，改造后实际调查发现，在河道两岸活动的老百姓增多了，有散步的、钓鱼的、闲谈的等。此外，在材料选用上，首选当地材料；在设计上考虑生态环保的要求，尽量使用透水、生态材料。

河道公共设施的整体风格延续了外立面改造的民国建筑风格。最明显的是护栏，设计师提取了民国元素，例如拱券、柱头、立柱等样式，应用到护栏造型上。建成后，护栏造型得到当地老百姓的一致认可，与横街镇整体民国建筑风格融合。

中心河环境整体提升改造，使中心河成为横街的一张名片，成为百姓茶余饭后的好去处。虽然最初的想法跟最后的落地有些许差别，有许多待完善的地方，但是总体呈现的效果还是很好的，增加了居民休闲娱乐的空间，实实在在是为民服务。

1	3
	4
2	5

图1. 中心河鸟瞰图
图2-5. 沿河路步道

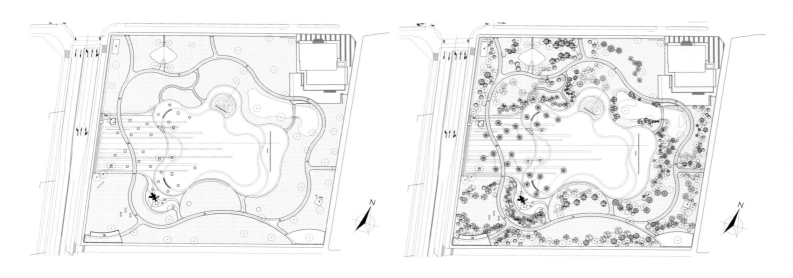

安宝广场是以中国抗日名将陈安宝的名字命名的。它位于横街镇镇中心位置，是镇民活动、休闲、娱乐为一体的全日常活动中心地，也是横街镇的绿地广场。于 2003 年建成，占地约 2.38 万平方米，广场呈四边形，四面环路，场地西侧为新兴路，地块长约 150 米，北侧为育才路，地块长约 170 米。

"安宝广场"为纪念抗日爱国将领陈安宝先生诞生 110 周年而建。2016年对安宝广场进行全面的改造提升。对入口环境、广场空间、健身跑道、智能生态公厕、儿童活动健身区、亮化照明、标识系统等进行重塑，以"全民、健康、活力、趣味、阳光、生态"为全新的设计定位，打造宜居的、舒适的生活休闲空间。

安宝广场设计基本思想是将广场元素进行整合重塑，增绿扩容，增设健身路径，重新硬化场地。把安宝广场打造成绿色生态、运动健康、阳光活力、惠民亲民的横街镇休闲娱乐中心。

安宝广场的改造建设也是贯彻因地制宜、以人为本的精神。景观改造中多余土不外运，植物不外移，原来广场镇民同一活动场地，景观道路有多个层高，将广场、道路整合在同一平面上，既便捷了老百姓，还体现了绿色生态。改造后的广场使用面积相比原来增加了 60% 以上，现在百姓早晚都能在广场里面的环状跑道锻炼，中心区成为悠闲的娱乐重要场所。

<table>
<tr><td>1</td><td>3</td></tr>
<tr><td>2</td><td></td></tr>
</table>

图1. 安宝广场健身步道
图2. 安宝广场图纸
图3. 安宝广场俯视图

1	2	
	3	5
	4	6

图1. 儿童乐园鸟瞰
图2-6. 儿童乐园一隅

07 公共设施完善

生态智能公厕

在乡贤助力下，结合省级小城镇环境综合整治样板镇创建，率先开展公厕革命，专门成立"智能马桶公厕革命"公益行动小组，并建设了上云村智能公厕样板工程。这个智能公厕，不但配备了残疾人、妇婴专用卫生间，还配备有热水和烘干设备。与常见的封装式公厕不同，公厕的正中间位置种植了一株高大的银杏树，通透的设计让公厕内没有一丝异味。

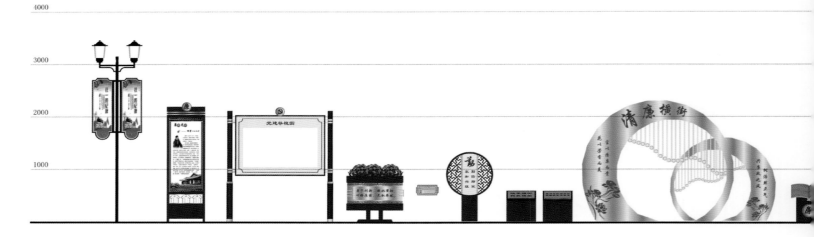

为了积极响应台州市路桥区党政、廉政、国防教育以及家风家训宣传的示范建设，更好发挥省级样板镇的示范作用。

在横街镇镇区范围内，将已改造完成的主体工程——安宝广场、新兴路、沿河路、中心河慢行道等作为主要宣传场地。从党政、廉政、国防教育以及家风家训这四个方面着手，力求做到文明城市建设示范镇。

城市家具建设根据改造后的横街镇现状，从现有的建筑与城市家具中提取色彩，提取具有代表性的民国风元素，以深灰色作为主色调、中国红作为点缀色，在材质上选用镀锌钢材与钢化玻璃，既能沉着稳重得达到示范宣传作用，也能够体现城市家具现代化风格。

在设计过程中，与政府部门的各负责部门的政府人员紧密沟通协调，结合现场实际情况，商定标识方案设计的尺寸、类别、数量，在设置布点上，

经过不断的实地考察，统筹规划，合理分配四大系统的宣传示范区域，严格按照城市家具布点原则进行布置。在宣传内容上，与政府的宣传理念紧密结合，以求最优地达到标识系统的宣传与示范性作用。

图1-3. 安宝广场公共厕所
图4. 安宝广场家具系统
图5. 安宝广场党建宣传牌
图6. 安宝广场城市家具

S 标准化与小城镇建设
文：纪正昆

tandardization and Construction of Small Cities and Towns

为执行中共中央一号文件精神，全面谋划新时代乡村振兴战略，坚持人与自然和谐共生，树立和践行绿水青山就是金山银山的理念，推进生态宜居和环境治理的共同发展，全面实现农业强、农村美、农民富的终极目标。浙江省台州市路桥区横街镇，在党委领导下，经过三年时间在乡村振兴与小镇环境整治中，已取得一定成绩，被列为小城镇环境综合整治省级样板镇、省级美丽乡村建设示范镇。

为了及时总结标准化建设经验，2017年5月17-19日，中国标准化协会协同有关各方到横街镇进行考察研究。在中国标准化协会理事长、国家标准化管理委员会原主任纪正昆同志的率领下，对横街镇在乡村振兴与小镇环境整治标准化建设方面进行了考察，并召开了小城镇标准化建设考察座谈会。会上，纪正昆理事长就小城镇与标准化建设发表了讲话，全文如下。

我们下午听了在座诸位专家的讲话，包括项书记、王镇长、出版社的人员，还有央视等。通过考察，我概括总结了十条经验和做法，这十条经验和做法，在某种程度上它也是广义的标准化。

第一条，党委政府决策，统一组织实施，信心十分坚定

在我看来这其中最重要的一点就是——我们是为了什么到这来？我们来这为老百姓做点什么事儿？也正因为有了为老百姓做事的决心，才有了中央、省等一系列部署文件的契合。由此可以看出，我们党委政府有十分强大的决心和自信。通过事实证明，我们党委政府也确实做到了，全程统一领导、统一规划、统一组织，各部门各司其职，很好地完成了各项工作。所以这一点是至关重要的。

第二条，设计规划作为先导规划

为了横街总体的设计规划，鲍诗度院长和他的设计团队，前后一百多次来到横街。不到两年的时间（700天），来来回回一百多次，平均一周来横街一次，这个数字背后隐藏的辛苦可想而知。那么鲍院长想要实现一种什么样的目标呢？只是仅仅单纯为了做事业吗？还是为了更好地贯彻落实中央小城镇乡村振兴的这种战略？在我和鲍院长的谈话中了解到，鲍院长以及他的团队的最终目的是——为了老百姓、想要为基层乡镇做一件实实在在的事。正因为有了这样的目标，鲍院长及其团队开始对横街镇制定切实可行的规划与设计，对各个方面都进行了严格的统筹安排。选择了37项规划项目，这37项项目是系统的，是经过严格规划的。也正是因为有了完整的设计规划，才有了横街镇现在的成果，若没有规划，没有设计先行，我们将是两眼一抹黑。所以从这就可以理解设计规划作为先导与先行的重要性。

第三条，施工设计一体化

横街镇通过改造有了建设成果，通过总结归纳，成为一条成功的经验。在这当中，施工团队的选择对于整个项目的实施是至关重要的。首先，在施工的过程中，整个团队的协调性很强，能够更好地实现我们的规划和设计。其次，好的施工团队能够保证工程高质量完成，高标准、高要求是一个工程可以深得人心的关键。从这点可以看出，这条经验确实很重要。

第四条，协调矛盾，明确责任

相关部门要分工负责，实行责任制，明确责任，落实责任，落实到人。各个部门要协调配合，调节矛盾，相互支持。真正做到规划、设计、施工、管理各个系统环节落实到位，切实解决项目进程中遇到的各种问题与矛盾，实现良性循环。

第五条，发动群众，使百姓受益

这是一条很重要的指导思想。立面改造不但美化了城市整体空间环境，又对原有的房屋结构进行加固，使得安全性与实用性都有了较大的提升，每家每户都有了更好的居住空间。体现"以人为本"的重要指导思想，坚持以人民为中心。发动群众，使老百姓受益，只有在为老百姓办事，老百姓才会信任并且拥护你。在实施的过程中要注重履行法律手续，签订协议。协议就是法律文书，它会明确政府与老百姓之间的法律关系，权利、责任、义务都必须要明确，这样才会更有利于实施操作。

第六条，加强管理，保持成果

工程建设好，成果要保持。首先，一定要加强维护管理，加强成果的持久性。其次，促进文明的养成。形成良好的习惯，提升文明，才能加强老百姓保护成果的意识，同时也可以彰显城市的文化内涵。

第七条，总结经验，以点带面

我们经过两年的艰苦努力，取得了巨大的成果。我们要协调各个部门做好总结经验的工作。宝贵经验的总结，有利于下一阶段工作的完善，同时更有利于全国的村镇建设。我们要立足横街，展望我们全省，推向全国。经验的总结，不只是文字的记录，更应是实践的经验总结。各省市在借鉴经验时，应该因地制宜，根据实际情况来借鉴这些经验去实施建设。所以我们说总结经验要以点带面。

第八条，积极宣传，扩大影响

利用出版社、电视台的影响力，对横街进行积极宣传，扩大成果的影响力，有利于提升横街的知名度，完善我们取得的经验，加深横街的改造意义，由此也可推进全国小城镇的发展步伐。

第九条，推行标准化，提升水平

推行标准化，提升水平，这两点中既包含了广义也包括狭义。广义讲就是管理，这些经验都是管理的标准化，将经验进行推广，每道程序、每条经验都可以制定成管理标准，形成文字的管理标准，还可以形成产品标准。在当前经济进入新常态的形势下，我国需要把标准化工作放在更加突出的位置，以标准全面提升推动产业升级，形成新的竞争优势，促进经济中高速增长、迈向中高端水平。可以说，标准化工作已成为经济社会发展的必然选择、时代竞争的必然结果。

第十条，弘扬传统文化，传承文明

目前这一方面还比较欠缺，但这恰恰是我们下一阶段需要着重思考的一点。文化传承对于一个地区的发展至关重要的。在横街，竹藤工艺品是非物质文化遗产，我们应当传承竹藤文明，提高横街的文化知名度。对待文化元素，我们应当认真挖掘，积极传承。这一点也符合中央提出的一号文件中，在乡村振兴战略中应当重视传统文化，大力弘扬传统文化，提升我们物质文明和精神文明的建设。在将来的建设中，一定要重视传统文化的挖掘，推动产业发展，促进经济的繁荣，这是一个很重要的落脚点。

横街有几百家大中小企业，上午我们参观了两家具有代表性的企业。比如有家企业专门生产洗涤的高压清洗机，既是民用又是工业用，实用价值很高。企业投资了3000多万，有一个2000多平方米的实验室，产品行销各个国家，现在已经有了七八个亿的产值，后劲足，发展前景好。其实像这样的企业在打基础的时候是非常难的，像检测的流程、生产设备的准备、人才的引进等，既烦琐又复杂。但是当这些最基本的基础有了以后，那它产业的提升速度就非常快速了，按这样的速度，企业的产值到明后年会成倍增加，这在另一方面，也带动了整个横街的经济发展。

横街的建设正是在认真贯彻落实中央习近平新时代的思想，把乡村振兴战略这件事，实实在在地抓一抓，抓到手。需要抓到手、抓得好，才更加让老百姓对美好的生活充满期待。我相信横街镇一定会建设得更加美好，这也是我们最终的目标。

会议时间：2018年05月18日 15:00～18:00

会议地点：在中国城市家具标准化工作会议上的讲话

图1. 纪正昆理事长带队考察横街镇
图2. 纪正昆理事长讲话

T
中国小城镇环境
The Environment of Small Cities and Towns in China

　　论述小城镇的环境特点可以从空间布局与空间形式两个方面入手。城镇总体的空间布局主要受到政治、经济、交通和资源条件等多种因素的影响，并且经历了一个漫长的演化过程，最终才形成了现有的空间布局。相较于大城市，小城镇的环境受自然环境的影响较大，其选址、布局与自然联系紧密，内外部空间特点根据所处区域的不同也表现出较大的差异。小城镇空间形式也与城市不尽相同，对于小城镇而言，其最重要的且占比最大的空间便是居住空间，而公共空间与商业空间则较为混乱，还有较大的改善空间。小城镇的空间形式也与当地居民的生活方式息息相关，随着社会的进步与城市化进程的加快，小镇居民的生活方式也将由传统逐渐走向现代，这就要求在今后的小城镇建设过程中需充分考虑到社会的发展因素，协调好传统与现代之间的关系，才能创造出自然和谐的新型小城镇空间。

1. 小城镇环境特点

"天人合一"的选址与"自由生长"的布局

小城镇的选址往往与自然山水相关联。相较于大城市，小城镇的选址更加自由灵活，我国超过半数的小城镇位于山地丘陵，其中大多分布在较为平坦的河谷中，其余小城镇则位于地势平坦的平原和高原。这些小城镇通常与周边的自然环境联系紧密，过渡自然，相互融合，并且没有明确的边界线。

小城镇的选址与河流湖泊等水域有着极为紧密的联系，超过六成的小城镇周边或境内有河流经过，超过四成的小城镇选址与周边河流联系紧密。如安徽宏村穿村而过的水系工程，水系设计的精确合理令人叹为观止。村落内部的水系流经每一户人家，整个水系有村中的月沼和村外围的南湖两个大面积的水域，以供平时生活使用之需。沿水而建的小城镇拥有诸多地理优势，一方面保障了当地居民的生活用水，另一方面充足的水资源有利于农业的开展，除此之外水道还可以用于运输通航，一些位于三面环水的岬角地带的小城镇历史上多为地区性的交通枢纽。

小城镇的形态延展往往与当地地形紧密结合，大多数小城镇的平面布局受到河流与道路的影响。受限于河流与道路的线性形态，小城镇空间布局也常为带状发展。

交通环境

一直以来，交通对地区经济发展都起着巨大的作用。在过去，许多地区的交通运输主要依靠河流，因此大量的小城镇沿河而建，但随着陆路交通逐渐取代水路交通，特别是改革开放以来，随着社会经济的发展，我国开始大量修建公路，一些原本沿河建设的小镇也逐渐转为沿道路发展。为了更好地利用现有交通优势，一批小城镇都开始在过境公路沿线建设发展，于是出现了许多沿公路带状发展的小城镇。这种带状小镇长度可达几公里，但宽度却十分狭窄，有的地方甚至不足百米。这种带状发展的小镇依托区位交通的优势，可以在初期高效、快速的发展，但当城镇发展到一定规模时，城镇中心区域就会显得拥挤，特别是对整个城镇的辐射效率会大大降低，城镇中心区的服务功能得不到有效的发挥。同时由于内部交通与外部交通的重合，更容易造成道路拥堵，长此以往，城镇整体发展会更加趋向于混乱。

街道环境

街道是许多小城镇中主要的活动空间和商业空间，穿插在建筑之间的狭窄小巷连接了居住空间与公共空间，成为小城镇中不可替代的过渡空间。传统小城镇的街道往往承担了复合功能，特别是中心区域的主街，同时承载了道路通行功能、商业功能和公共休闲功能，是小城镇中人流量最大的区域。小城镇的街道尺度宜人，近半数的小镇主街宽度不超过 15 米，超过 7 成的小城镇主街宽度在 25 米以下。大部分小城镇的街道是人车混行的，主街更是可能出现汽车、农用车、摩托车、畜力车、自行车和行人同时行驶的情况，一些较小的道路交叉口一般没有交通信号灯，需要行人与车辆自行避让。

建筑环境

小城镇的建筑规模较小，建设强度低，房屋以平房和 2 至 3 层的低层楼房为主，3 至 6 层的建筑已经比较少见，超过 6 层的建筑只出现在一些靠近大城市或经济较为发达的小城镇。根据城镇土地面积与人口的不同小城镇建设可以分为"低层低密度"、"低层高密度"、"高层低密度"和"高层高密度"四种，其中前三种占比相当，高层高密度小城镇则相对较少。为了适应不同地貌环境，小城镇的建筑尺度精巧，形态各异，且受不同地区的历史文化和自然环境影响，建筑风貌多元。近年来许多小城镇加快了现代化建设，出现了一些盲目照搬大城市建筑或一味求洋仿古的现象，造成了风貌杂乱和特色的丧失。

小城镇空间形态较为松散，建设用地与非建设用地边界模糊，相互渗透，功能分区不明显。由于土地资源相对丰富，部分小城镇的建设用地布局松散，缺乏规划设计，在各个片区间出现大量边角地、插花地、夹心地等不规则的小散地块。这些地块大多被附近居民用作小型农业生产，另外一小部分不规则土地则被闲置，成为临时的停车场或垃圾堆放场所。

"得天独厚"的山水与"丰富多彩"的文化

中国大多数的小城镇都拥有丰富的自然和文化资源，许多小镇以当地著名的山水或者历史建筑作为地标与特色。

部分小城镇历史悠久，是一些耳熟能详的历史故事的发生地或曾走出过一些历史名人，这些小城镇有许多至今仍保留了一部分古街和古建筑；还有一部分小城镇至今还保留着一些独特的文化习俗或手工艺，这些都是中国小

城镇独有的魅力与价值，值得被挖掘、开发和保护。我国约六成的小镇拥有县级以上文保单位，五成以上拥有历史建筑，五成以上拥有非物质文化遗产。小城镇的传统街区与古建筑保存较好，近八成的传统街区仍被居住使用，但是由于缺乏资金和保护意识，部分老房子已经逐步衰败，无人维护，但这些老房子仍然是一个城镇或一个地区珍贵的历史遗产，也是小城镇今后得以振兴的重要资源。

1		4
	3	5
2		6

图1-2. 云南丽江古城
图3. 丽江古城卫星地图
图4-6. 浙江乌镇

2.小城镇的空间发展现状

居住空间分散，人均建设用地面积较大

小城镇现状居住用地空间布局多为城镇居民自行开发形成，以街坊式住宅为主，城镇居住用地空间具备以下特点。第一，居住空间用地比例超过一半，且大多数住宅为居民自建，房屋的形态缺乏合理的规划设计；第二，居住用地总体呈现出多点分散的空间布局形态，即"东一户，西一户"；第三，小城镇在教育、医疗等公共服务设施配置上还有较大的改善空间。

这种空间布局是在多年的自主发展过程中自然形成的，对于当前的社会发展阶段，这样的居住空间存在很大弊端，比如城镇建筑风貌凌乱、基础设施无法配套、规划改造困难等不合理的地方，造成了城镇居住用地混乱的形态。

随着城市文化的进一步影响，小区式的住宅开始出现在部分小城镇新开发的区域内。小城镇的小区分布零散，通常利用原有的配套设施与服务，在周边建设多层板楼，以满足人口增长的需求。

商铺沿主干道分布，集贸市场与定期市集共存

小城镇的商业店铺以沿街店铺为主，土地的混合利用程度高，许多商铺、小工厂与居住区混杂，特别是"上居下店"、"前厂后住"的情况十分普遍，近八成的商业用地为商住混合形式。这种商业形式的优势在于可以较容易地根据需求调整经营规模、满足了附近居民的日常购物需求、增加了家庭收入。除了沿街的店铺外，许多小镇还保留了集贸市场与定期集市，在市集经营期间，小城镇的道路会面临更大的人流压力。

小城镇的商铺布局可以分为三种类型，第一是单线沿路布局，主要出现在人口较少的城镇，特征是沿主街形成线形的商业街；第二种是多线沿街布局，出现在有一定规模的多向发展小镇，特征是沿两三条交叉的主要街道形成的商业街；第三种是网块状布局，位于人口较多的发达地区，特征是形成集中成片的商业街区。大多数的小城镇商业街与主干道重合，部分商业街位于过境道路上，为当地的交通通行造成了一定的压力，人车混行的道路缺乏有效的功能分区，造成了交通拥堵与安全隐患，从长远看来并不利于商业活动的发展。

公共休闲空间单一，街道体现地域文化

小城镇受限于人口规模，公共休闲空间较少，尤其是缺少大型公园广场，超过两成的小城镇没有绿地广场。但由于大部分的传统小城镇地处自然山水之中，与周边自然环境连为一体，外部区域的绿地空间足以满足居民的需求，是天然的"田园城市"，所以在城镇内部建设大规模的绿地广场显得并不实用。

得益于适宜的城镇建设尺度，小城镇的核心区域规模较小，因此生活环境十分便捷，包括上班、上学、购物、娱乐等几乎所有的活动都在步行范围之内，所以小城镇公共空间的服务范围也比较小。传统的小城镇公共空间功能和

3.小城镇环境发展趋势

形式比较单一，但随着社会的发展进步，小城镇的公共空间的功能开始向功能复合型方向发展，部分小镇开始打造集合了休闲、购物、观光的公共空间，除了满足当地居民的需求，也考虑到了外地游客的需求。

　　小城镇公共空间环境建设一方面可以大大改善小城镇的居住环境，另一方面还可以带来巨大的经济效益。随着近年来"乡村旅游"的兴起，许多小城镇依靠自然生态优势和历史人文特色吸引了大量游客。对于小城镇的公共空间来说需要更多地体现出地域文化才能建立属于当地的旅游特色品牌，吸引更多游客持续来访。街道作为小城镇公共空间的重要组成部分是展示地域文化的绝佳场所，街道上形形色色的城市家具都可以成为地域文化的展示场所，打造舒适优美的街道环境也是提升小城镇环境形象的有效方式。综合利用当地的自然、社会、历史和文化资源，将环境改善与经济效益相结合是今后小城镇建设的主要目标之一。

● 有机更新

　　在对小城镇更新改造建设时，需要调整适当的规模和尺度，依据具体改造的内容和要求，来处理当下与未来的关系。

● 整体协调

　　特色小城镇则需以合理化、整体性的空间布局为特色，要求合理优质的空间形态及结构，包括齐全的功能区、适宜的布局、连通的轴线、特色建筑空间，保证主次分明，秩序明确，重点突出。

● 保持独特

　　小城镇特色是发展的动力，特色在一定程度上能够对等于本土识别性。根据当地的空间形态，包括自然环境、特色性质、整体形象秩序等要素，制定本土化不可复制的空间格局。

● 以人为本

　　特色小城镇是居民工作生活的环境，打造人性尺度环境是基本需求，是对当地特色精细化诠释。需要从整体城镇空间形态到空间结构上都有所呈现。

参考文献：赵辉等著.说清小城镇[M].北京：中国建筑工业出版社,2017.

1		
2	3	4

图1. 浙江乌镇
图2 - 3.上海新桥镇
图4. 云南丽江古城

Urban Furniture
城市家具篇

项目信息

项目名称：上海市架空线入地与合杆整治工程

项目地址：上海

主管单位：上海市住房和城乡建设管理委员会

项目规模：2018-2020年计划完成400公里

总承包单位：上海市政工程设计研究总院（集团）有限公司

设计单位：同济大学建筑设计研究院（集团）有限公司

上海市城市建设设计研究总院（集团）有限公司

东华大学环境艺术设计研究院 & 上海荣合城市家具发展有限公司

协作单位：中电科（上海）公共设施运营管理有限公司

上海勤电信息科技有限公司

南京路
步行街
Nanjing Rd. Pedestrian Mall
↑

上海市道路合杆整治
Regulation of the Combination of Roads and Poles in Shanghai

东华大学环境艺术设计研究院是主要核心参与者和主要专家技术提供者之一

上海市架空线落地与道路合杆综合整治工程

为进一步加强架空线和道路立杆管理，逐步消除"黑色污染"，减少道路立杆数量，打造有序、安全、干净、美观的高品质城市环境，保障城市运行安全，2018 年 4 月，上海市人民政府办公厅印发《关于开展本市架空线入地和合杆整治工作的实施意见》的通知，开展架空线落地与道路合杆综合整治三年工作计划。

2018 年，围绕上海黄浦区外滩南京路、虹口区北外滩四平路、长宁区国家会展中心周边道路以及徐汇区、静安区、浦东新区等中心城区各个重要节点展开，计划完成 100 公里道路架空线入地、合杆整治及相应的城市家具与街道环境综合整治工作。

《上海市道路合杆整治技术导则》

(试行)

2018 年 03 月

1	2
	3 4

图1-2. 上海市南京东路合杆整治成果
图3. 上海市道路合杆整治技术导则
图4. 上海市道路合杆整治前

到 2020 年，完成全市重要区域、内环内主次干道、风貌道路以及内外环间射线主干道约 400 公里道路架空线入地及合杆整治工作，内环内架空线入地率从 29% 提高到 62%，道路立杆减量 50%，实现落线拔杆。

南京路是上海第一根综合杆落地的地方，新型综合杆遵循《上海市道路合杆整治技术导则》，主杆采用高强度钢，副杆采用高强度铝合金型材，卡槽链接，分四层进行各类设施、设备的搭载，可将通信杆、信号杆、路名杆等"收编"。河南中路到外滩之间的这段南京东路，长 550 米，原先有 91 根

各类线杆，包括通信杆、电力杆等，待合杆整治全部完工后，这段路上将竖起 28 根综合杆和 10 根电车杆，总数量将比原先减少 60%。

除了综合杆，与以往杆件配套的电箱也采用了新型的综合箱，不仅"多杆合一"，还"多箱合一"。整合前，箱体点多，分布杂乱，箱体规格多，颜色多，占用较多的城市空间资源，影响城市整体美观。整合后，提升城市整体美观度，便于统一管理。同时配套进行了与绿化结合的座椅设置，即满足功能又提升环境品质。

菏泽市中心城区城市家具规划
与系统设计
Urban Furniture Planning in the City Centre and System Design of Heze

项目信息

项目名称：菏泽市中心城区城市家具规划与系统设计

项目地址：山东省菏泽市

主管单位：菏泽市自然资源和规划局

设计周期：2017-2018年

设计单位：东华大学环境艺术研究中心 & 上海应合城市家具发展有限公司

总设计师：陈通通教授

设计团队：林鸿、刘伟、陈晓君、李春娜

山东省菏泽市位于山东省西南部，鲁苏豫皖四省交界地带，是我国著名的牡丹之都，是世界上面积最大、品种最多、花色最全的牡丹生产、科研、出口基地和观赏旅游区。同时也是山东省著名的戏曲之乡、武术之乡、书画之乡、民间艺术之乡。

近年来，随着菏泽的经济发展和社会进步，城市框架逐步拉大，道路基础设施不断完善，与之配套的城市家具面临着升级改造及系统性的建设。对于一个城市，街道可谓是城市风貌与文化精神的展示窗口，而城市家具作为街道景观的重要环境要素，则成了城市的形象名片和展示载体。

为了更好地配合菏泽市城市建设规划，彰显地域文化特色，建设和谐宜居美丽城市，对菏泽市中心城区开展城市家具系统规划与编写设计导则，以引导提升城市建设品质，营造舒适优美便捷的街道空间环境。

主要规划内容包括：1.对现状进行调研，总结梳理菏泽中心城区城市家具现状问题与对策；2.以现状为依据、以发展目标为蓝本，提出菏泽中心城区城市家具建设总体定位与目标；3.以总规及相关规划对菏泽中心城区城市家具建设进行区域划分，确定各区域家具建设的基本原则、内容与要求；4.提出系统化的城市家具方案，并明确各分区城市家具色彩、元素等做出规定与控制；5.编制菏泽市中心城区城市家具建设导则，明确城市家具的设置与布置原则；6.编制城市家具建设规划，样板先行，分步实施。

城市街道家具系统建设是个逐步实施的过程，为了指导规划落地，同时与市政设计单位配合进行了和平路、人民路等道路的城市家具系统设计工作。城市家具专项规划的编制，对指导和帮助菏泽市中心城区开展标准化、系统性的城市家具建设工作，塑造具有特色风貌的城市公共空间和重点区域，提升城市的环境品质，激发城市的活力与魅力具有积极推动作用。

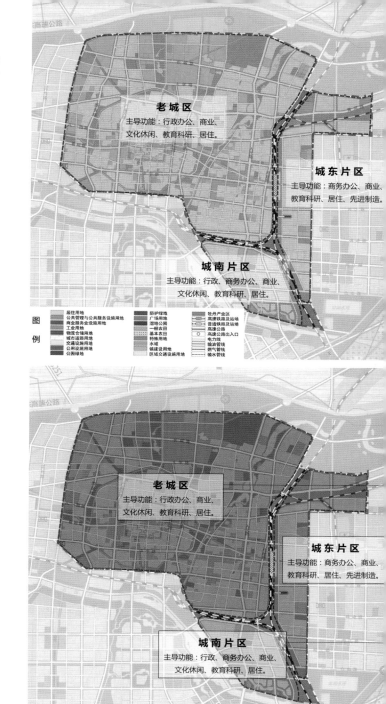

1 | 2
  | 3
  | 4

图1. 菏泽市和平路城市家具系统设计
图2-4. 菏泽市中心城区城市家具规划成果

本次菏泽市中心城区城市家具规划范围，西起昆明路，沿长江路至牡丹路，南至南外环路，东临广州路、南京路，北至北外环路。规划总面积约32.19平方公里。

根据上位规划用地本次城市家具系统分区主要分为：
老城区 —— 文化休闲、教育科研、居住；
城南片区 —— 文化休闲、教育科研、居住；
城东片区 —— 教育科研、居住、先进制造。

老城区、城南片区为城市综合片区，是"大菏泽"人口和产业集聚的主要区域，是现代服务业聚集的区域，是大菏泽辐射周边各区域城市的重要区域；城东片区为产业片区，是承载菏泽主导产业，推动菏泽跨越发展的引擎。城市家具规划强调片区功能属性，体现不同片区的差异性，重点突出其属性在功能设计、形象表达、设置形式上的体现。

特色设计
将城市标志图形化运用在城市家具各类设计中

项目信息

项目名称：嘉兴市南湖区东部新城城市家具规划及系统设计

项目地址：浙江省嘉兴市南湖区

主管单位：南湖区住建局

设计时间：2018年

设计单位：东华大学环境艺术设计研究院 & 上海柒合城市家具发展有限公司

嘉兴市
南湖区东部新城城市家具规划
Jiaxing
Urban Furniture Planning of the New City in the East of Nanhu District

规划范围总面积约为75平方公里，具体范围由沪杭铁路-东外环河-湘家荡大道-七大公路-老07省道-凤新大道-新07省道-百川路-三环南路-庆丰路-长水路-南江路-广益路-中环东路围合而成,涵盖南湖新区10.1平方公里,湘家荡片区28.4平方公里,嘉兴科技城片区36.5平方公里。

作为南湖区下一轮发展新的增长极，2017 召开的嘉兴市南湖区区委九届四次全体（扩大）会议，正式吹响了在嘉兴科技城、湘家荡区域、南湖新区三大平台基础上开发建设东部新城的号角，并以顶层设计高标统筹、基础设施集中推进、高端产业培育壮大等"十大行动"，作为加速东部新城开发建设的有力抓手。

城市家具规划对东部新城内的嘉兴科技城、湘家荡区域、南湖新区的公交站台、垃圾箱、交通标志等在内的 6 大类 23 项城市家具，进行了包括颜色、造型等个性化的"量身定制"。在全市率先对街区路标"瘦身"，所有候车亭、路灯、座椅等公共设施统一色系。

在最能体现城市气质的色系定位上，三大平台的城市家具均采用了大气典雅的深灰色系，但又有所区别，比如作为城市副中心的南湖新区，在灰色为基调的基础上以橙色点缀，以体现现代活泼的个性。嘉兴科技城采用了深灰蓝色，彰显了科技创新的特色，绿色生态的湘家荡区域则以绿色为点缀色。

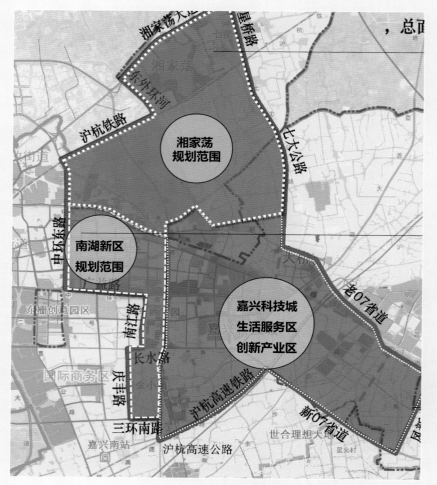

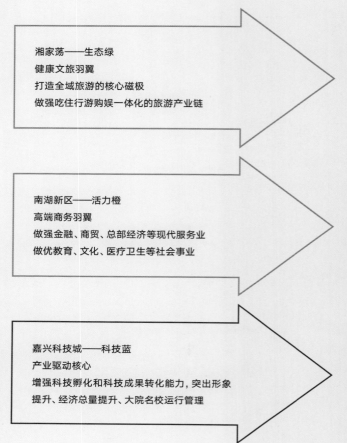

湘家荡——生态绿
健康文旅羽翼
打造全域旅游的核心磁极
做强吃住行游购娱一体化的旅游产业链

南湖新区——活力橙
高端商务羽翼
做强金融、商贸、总部经济等现代服务业
做优教育、文化、医疗卫生等社会事业

嘉兴科技城——科技蓝
产业驱动核心
增强科技孵化和科技成果转化能力，突出形象
提升、经济总量提升、大院名校运行管理

科技城装饰图案

蓝色灯光线

科技城logo

城市家具分为两轴、三心、三片区、多组团、多节点。

两轴：包括城市形象轴、三生融合轴；

强调轴线上对整体色彩、设施系统性，体现东部新城整体形象及门户识别。

三片区：包括湘家荡片区、南湖新区、嘉兴科技城片区；

强调片区的功能属性，体现不同片区的差异性，重点突出其属性在功能设计、形象表达、设置形式上的体现。

多节点：包括门户节点、核心节点、交通节点、景观公园节点；

通过多组团和多节点，建立重要的景观标志系统，形成多层次的城市认知及识别架构。

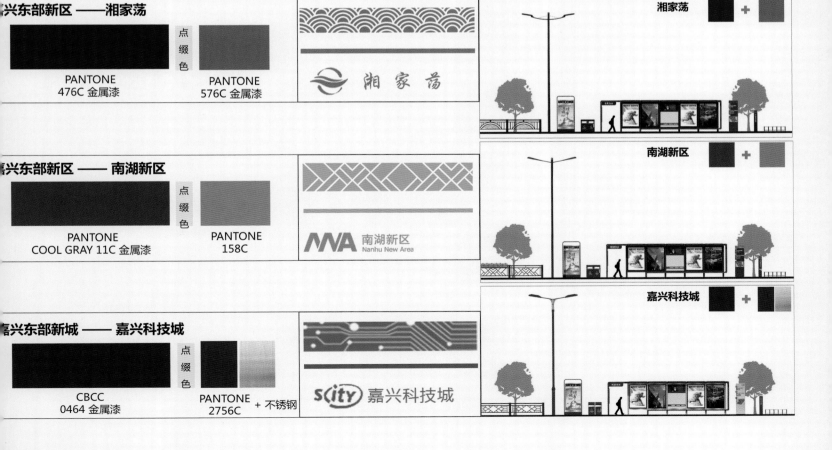

街头林立的杆线，是很多城市一道"尴尬的风景线"，在东部新城三大平台，各路段尤其是路口杆线林立的问题也比较突出。前期调查数据显示，仅在凌公塘路三环东路和中环东路路段不到3公里的范围内，就立有杆件519个，涉及公安、电力、电信等10多个部门。为此，目前南湖区已选择了东部新城的凌公塘路、亚太路、广益路作为样板路，在改造中全面推进"多杆合一"。多杆合一后道路杆件数量平均减少35%左右，2018年底，亚太路已全线通车。

合杆第四层：

高度8米以上，适合照明灯具、通信设备等设施。

合杆第三层：

高度5.5—8米，

适合机动车信号灯、监控、指路标志牌、分道指示标志牌、

小型标志标牌等设施。

合杆第二层：

高度2.5—5.5米，

适合路名牌、小型标志标牌、行人信号灯等设施。

合杆第一层：

高度0.5—2.5米，

适合检修门、仓内设备等设施。

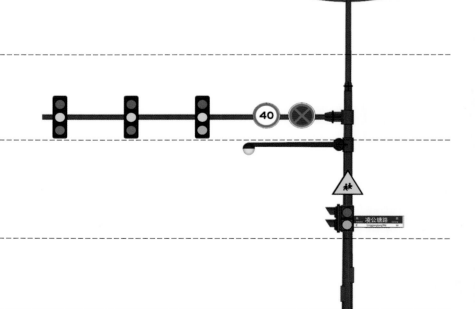

U 城市家具助力嘉兴市秀洲区小城镇综合整治

Urban Furniture is used to Help Xiuzhou District, Jiaxing Comprehensive Management of Small Cities and Towns

项目信息

项目名称：油车港镇城市家具系统设计、王江泾镇城市家具系统设计

项目地址：浙江省嘉兴市秀洲区

主管单位：油车港镇人民政府、王江泾镇人民政府

设计时间：2017-2018年

设计单位：东华大学环境艺术设计研究院 & 上海柒合城市家具发展有限公司

总设计师：鲍诗度、宋树德

设计团队：林澄昀、刘博、杨凤菊、罗玉钿

小城镇环境综合整治是浙江省委、省政府为改善环境、提高人民生活质量作出的一项重要决策。近几年来，嘉兴市秀州区高新区、油车港镇、王江泾镇、洪合镇、新塍镇等地在小城镇改造的同时进行了城市家具系统设计，助力规范城镇次序、整出特色、整出亮点，提升小城镇品质。

　　油车港镇传统纺织业发展较早，以及工业经济突飞猛进的发展，推动着油车港镇建设持续拓展。随着道路基础设施不断完善，为了能够更好地体现地域文化特色，打造整洁优美、文明有序的市容市貌，与之配套的道路附属设施——城市家具也面临着升级改造。针对城市文化品质的提升及城市管理与服务的功能需求，城市家具的设计提升方案主要涵盖照明设施、公交服务设施、信息服务设施、公共服务设施。设计团队经多次实地考察后，结合油车港镇的地域特色，设计提取嘉兴特产南湖菱角的形态特征为设计元素，象征孕育丰收果实的希望，圆润的外形让人有种想亲近的感觉，同时具有艺术与功能价值。

　　镇政府大力推动，最终成果实施落地。布局更合理、设置更规范、样式更精美、功能更完善的城市家具，将原本拥挤杂乱的街道和步行区域释放出大量空间，镇容镇貌和环境品质也得到了大幅提升。2017年油车港成功列入省级旅游风情小镇培育名单、嘉兴市特色小镇创建名单、小城镇环境综合整治级重点镇。近年来先后获评全国文明镇、国家卫生镇、中国最美康养小镇。

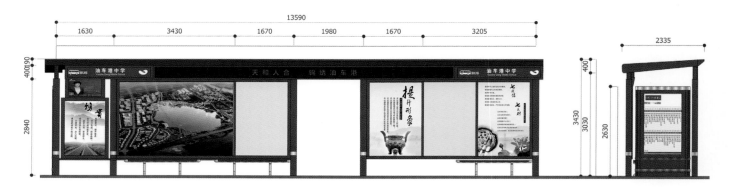

浙江省首批小城市培育试点镇王江泾，区域交通便利、自然生态环境优美、历史文化底蕴深厚、经济实力较强。为了打造现代化田园新镇，在镇区主要道路虹桥路、长虹路、闻川路等，配合建筑立面改造与景观提升，对涵盖交通设施、照明设施、公交服务设施、信息服务设施、公共服务设施的城市家具进行了系统设计与建设。改造完成后，整洁有序的街道环境配以富有地域文化特色与设置规范的城市家具，让小镇环境品质得到了质的提升。在2018年度全省小城镇环境综合整治评比中，王江泾镇以全市第一名列入第一批省级样板镇。

城市家具系统化设计与建设，助力小城镇环境规范化、标准化、精细化、品质化建设，提升了环境品质。

1	4
2	5
3	6

图1-3. 油车港镇城市家具建设成果
图4-6. 王江泾镇城市家具建设成果

项目信息

项目名称：宿迁市湖滨大道城市家具系统设计

项目地址：江苏省宿迁市湖滨新区

主管单位：宿迁市湖滨新区管理委员会

设计时间：2017年

设计单位：上海柒合城市家具发展有限公司

湖滨新区位于宿迁市中心城区北部，规划定位为旅游规划新城区、现代化新区。湖滨大道作为湖滨新区重要道路，定位为面向总部经济区，突出现代、智慧、创新的景观大道。

通过现状调研，发现城市家具现状存在诸多问题，如城市家具设计与设置欠缺对人性化需求的满足，城市家具色彩单调、缺少城市地方特色，部分城市家具体量不规范、布置无规律等。宿迁湖滨新区需要怎样的城市家具？从而才能展现现代化的城市环境和形象。

湖滨大道城市家具系统方案涵盖 6 大系统 20 多项设施，造型以圆形杆件、弧形轻盈时尚造型设计为主，色彩以蓝灰色为主调、搭配闪银的不锈钢材质，并点缀 LED 装饰灯条，从而构建整体统一、风格现代、配置合理的城市家具系统，凸显湖滨大道现代、智慧、创新的城市环境与形象，进而优化城市功能、彰显环境品质、提升城市软实力！

1	2
	3
	4

图1. 湖滨新区城市家具建设成果
图2,4. 湖滨新区城市家具系统设计方案
图3. 湖滨新区城市家具改造前

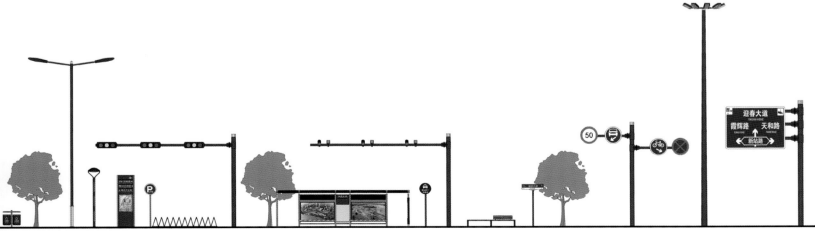

中国环境艺术设计
CHINA ENVIRONMENTAL ART DESIGN

International Conference on China Urban Furniture Standardization

中国城市家具标准化国际会议

148

中国城市家具标准化国际会议

International Conference on China Urban Furniture Standardization

中国城市家具标准化国际会议

International Conference on China Urban Furniture Standardization

倡导五大发展理念 · 引领中国城市家具标准化
中国标准化协会城市家具分会正式成立

2017年10月11日至13日，以"倡导五大发展理念·引领中国城市家具标准化建设"为主题的"中国城市家具标准化国际会议"在美丽的海滨城市江苏连云港隆重召开。会议由国家标准化委员会指导、中国标准化协会主办，东华大学与连云港市人民政府共同承办，江苏省住建厅、江苏省质监局、江苏省旅游局、江苏省公安厅共同支持，中国建筑工业出版社等协办。来自美、英、德、日、法、意等国外学术代表，国内东华大学、清华大学、同济大学、中央美院等著名高校和北京市标准化研究院等科研机构知名学者，国家有关部委、省相关部门、省内外城市专家和领导计400多人应邀参加了会议。

会议设一个主会场和两个分会场。主会场12日至13日两天分别举行会议开幕式、成立中国标准化协会城市家具分会、中国标协纪正昆理事长作题为"全面实施标准化战略、助力经济社会改革发展"专题讲座，东华大学主持召开中外学术报告交流。同时分设在海州湾会议中心和云台宾馆两个分会场，分别开展"中国（连云港）城市家具交流研讨会"和"中国城市家具标准化与全域旅游公共服务体系建设专家讲座"。

- 揭牌仪式
- 中国标准化协会 理事长纪正昆 为城市家具分会会长、秘书长颁发聘书

中国标准化协会 城市家具分会成立仪式

- 中国标准化协会城市家具分会秘书长 宋树德 介绍分会成立背景及筹备情况
- 中国标准化协会副理事长兼秘书长 高建忠 宣读《关于成立中国标准化协会城市家具分会的决定》
- 中国标准化协会理事长纪正昆、东华大学副校长邱高为分会揭牌
- 中国标准化协会理事长纪正昆为城市家具分会会长、秘书长颁发聘书

中国·连云港
LIANYUNGANG CHINA
10月11日——10月13日
2017

指导单位
国家标准化管理委员会

主办单位
中国标准化协会

承办单位
连云港市人民政府
东华大学

支持单位
江苏省住建厅 江苏省质监局
江苏省旅游局 江苏省公安厅

协办单位
中国建筑工业出版社
全国城市公共设施服务标准化技术委员会
江苏省标准化协会
连云港市城建控股集团
连云港市交通控股集团

一带一路 城市·现在·未来
THE BELT AND ROAD · CITY · NOW · FUTURE

专家对话
Expert Dialogue

方晓风　埃森（Vermeulen 荷兰 鹿特丹大学教授）

卢卡（luka 意大利 著名设计师）

王淮梁　朱钟炎　李琳

吉蒙（Guilermo 哥伦比亚）　夏克（Shakhrukh 乌兹别克斯坦 教授）

2017.10.13.

领导致辞（选段）　LEADERSHIP SPEECH

沈迟 | 国家发改委城市小城镇中心副主任

我国正在通过"智慧城市"标准建设来推进"智慧城市"的建设，本次"中国城市家具标准化国际会议"聚焦"城市家具标准化"，就是对我国"智慧城市"标准建设积极地探索和实践。本次在作为"一带一路"交汇点的核心区先导区连云港举办的"中国城市家具标准化国际会议"，国内外专家将就国内外城市家具标准化取得的成果和未来发展进行深入探讨和研究，这对推进"一带一路"城市家具标准化建设和加强与"一带一路"沿线国家城市家具化的交流，展示我国城市家具标准化取得的成绩会起到积极作用。

孙维 | 国家标准化管理委员会服务业部副主任

伴随着经济全球化深入发展，标准化在世界范围内正发挥着日益深刻的影响。去年，39 届国际标准化组织（ISO）大会在北京召开，习近平总书记在贺信中明确指出：标准是人类文明进步的成果，标准化在便利经贸往来、支撑产业发展、促进科技进步、规范社会治理中的作用日益凸显。在今年 5 月召开的"一带一路"国际合作高峰论坛上，习近平总书记再次强调要"努力加强政策、规制、标准等方面的'软联通'"。李克强总理也强调，要以标准全面提升推动产业升级，形成新的竞争优势，促进经济中高速增长、迈向中高端水平。标准作为国家治理体系和治理能力现代化的基础性制度，是推进城市健康有序发展的重要支撑。

王志忠 | 江苏省人民政府副秘书长

标准是经济活动和社会发展的技术支撑，是国家治理体系和治理能力现代化的基础性制度。江苏省委、省政府一直高度重视标准化工作，始终将标准化作为推动经济转型升级、社会治理创新和生态文明建设的重要手段加以组织和推进。近年来，在国家标准化委员会和标准化协会的指导下，我省坚持把城市家具建设作为完善城市功能、提升城市形象的重要途径，不断完善城市家具建设标准和管理规范，逐步形成具有江苏特色的标准体系，有力助推美丽新江苏建设。尤其是连云港市，作为"一带一路"交汇点建设核心区先导区，江苏沿海地区发展、东中西区域合作示范区建设等国家战略叠加聚焦，在全省乃至全国对外开放大局中承担着重要任务。

杨省世 | 中共连云港市委书记

此次中国城市家具标准化国际会议在连云港召开，充分体现了中国标准化协会对连云港城市家具工作的肯定。近年来，连云港认真践行"城市让生活更美好"理念，在国家和省有关部门的指导帮助下，立足城市的文化底蕴和个性特色，围绕做美做优城市家具，进行了积极的尝试和探索。当前，连云港正按照生态优先、绿色发展理念，加快建设宜居、宜业、宜游的国际化海港中心城市。下一步，我们将认真落实中央和省城市工作会议精神，紧密结合连云港实际，更好地推动城市建设。

邱高 | 东华大学副校长

创新发展离不开设计。城市家具是设计学科中一门新颖的研究方向，是城市建设景观构成中的重要元素，其完善程度及系统合理的设计配置体现了一个城市的管理水平和文化所在。东华大学是国内最早开展该研究方向的高校。2001 年鲍诗度教授和团队就开始了城市家具的研究，是城市家具系统设计理论与实践的先行者。2008 年伊始，有幸收到连云港市政府邀请，东华大学参与连云港市城市家具系统建设工作，作为总设计单位，与连云港市政府共同开展长期、深入的设计研究及实践工作，在连云港开创了全国城市家具系统设计与建设的创新模式和系统性标准体系的先河，填补了国内空白，取得了丰硕的成果。

孙志伟 | 连云港市城乡建设局局长

2012 年，连云港市在建设城市快速公交一号线时，按照市委、市政府要求，高品质、高标准、高起点规划建设，同步实施全套城市家具，切实完善道路配套功能，使之建成为一条贯穿城市东西、彰显地域特色、服务广大市民的景观大道。为此，我市城建部门与东华大学联手合作，结合连云港山海相拥的自然禀赋、千年古郡的历史文化，并依据地域特色元素，对城市家具进行了系统、深入的研究和设计。自 2012 年起，我市先后新建快速公交一号线、129 公里长的海滨大道和花果山大道等 150 多条城市主次干道和广场的城市家具标准化建设。经过几年持续推进，目前，主城区城市家具标准化建设长度达 700 多公里，城市家具标准化建设覆盖率达到 80% 以上，城市家具标准化建设已初具规模，并已快步走在了全国城市的前列。

方晓风 | 清华大学美术学院 院长助理 教授
装饰杂志主编
中国标准化协会城市家具分会 副会长

论坛主持：方晓风教授

论坛主题为《一带一路 城市·现在·未来》来自中国、荷兰、意大利、哥伦比亚、乌兹别克斯坦的专家，围绕城市家具与城市环境建设、城市发展方向，以及各自国家的城市建设经验等议题展开了学术探讨。

鲍诗度 ｜ 东华大学教授、博士生导师
环境艺术设计研究院院长

中国城市家具基本概念

中国城市家具认知

城市，就是一个家，街道，就是城市的客厅，城市家具就是放在城市客厅里的家具。

"城市家具"在英国称为"街道家具"，西班牙称为"城市元素"，美国称其为"城市街道家具"。

当今的中国城市家具概念与西方的城市家具概念有所不同。

中国城市家具的三大理念

一是：设施≠城市家具的理念。

城市家具与设施的本质区别：设施是"设备"属性。设施是单独的设备物件，与环境关系是独立的。城市家具是从考虑城市整体环境全局性入手，在全面综合管理下统筹城市公共设施的服务合理性、科学性。它的本质属性：城市公共设施＋城市环境系统＋城市综合管理＝城市家具。

二是：城市家具与环境共生理念。

城市家具与环境共生属性。城市家具是根植于城市环境之中的，环境的好坏决定着城市家具的价值，城市家具的品质直接影响着环境空间品质，好了会相得益彰，坏了会相互抵消。

三是：城市家具整体性控制理念。

城市家具从产品制造到实施建设，它的每一个环节都不可忽视。过程把控、质量控制、环境把控、材料把控、程序把控、生产把控、专业控制都涉及城市家具的"生死存亡"！如果对城市家具实施过程失控，就会失去专业控制，就会导致实施程序失控、生产指导失控、材料使用失控、对环境把握失控，结果是总体质量控制失控。

中国城市家具两大特点

第一个特点是独特性。中国城市家具与其他西方发达国家的城市家具特性不同。中国城市家具的特性是植入了中国特色的社会主义的元素，它在建设方式、设置方式、设计方式、实施方式等都是中国式的，跟世界其他国家的城市家具方式不同，它完全是姓"中"，与西方发达国家已经形成的城市家具的理念、认知、本质有所不同。

第二个特点是管理性。中国的城市家具与管理是密不可分的。中国城市家具建设前后的综合管理，是城市家具的设计、建设、实施、维护等方面，可持续发展是一个非常重要的特点，如果没有有效的管理，没有统一布置、统一建设、统一管理，一个城市的城市家具建设无法做到系统性、规模化、统一性，无法可持续。连云港市就是最好的案例。连云港市城市家具的建设案例难以复制！难就难在"管理"二字，没有统一的系统性思维，无法做到统一管理、统一实施。

中国城市家具的一大系统

以系统论为哲学理论基础的城市家具的系统性思维、系统性设计、整体性布局是城市家具建设与实施的根本。

三理念、二特点、一系统的"三二一"是中国城市家具的基本建设理念和发展特色。

目前中国的城市建设正进入一个大转折时期——城市品质提升期。城市品质主要有两个方面：一个城市环境建设；一个是城市文化建设。一个城市，未来能走多远取决于城市创新能力和城市内涵。城市家具的系统化、标准化建设是城市环境迅速提高的一条又好又快的城市品质建设途径，是一个城市是否有创新能力和城市内涵最直接的体现。

鲍诗度

城市家具系统标准
助力城市空间精细化设计与管理

东华大学设计研究院积极响应国家供给侧改革的号召，贯彻落实中央城市工作会议及相关文件精神，推动建设和谐宜居、富有活力、各具特色的现代化城镇为使命，积极倡导城市美学，推广城市家具先进理念，为中国新一轮城市环境品质的提升与更新提供方向和支撑。为此，积极开展相关领域的标准化研究工作，已组织编制多项行业性标准。

地方性建设指南与技术导则：

城市家具系列团体标准：

第十五届中国标准化论坛

高建忠

论坛由中国标准化协会副理事长
兼秘书长高建忠主持

崔钢

国家市场监督管理总局
标准创新管理司司长

2018年10月22-23日，由中国标准化协会主办、浙江省义乌市市场监督管理局承办，浙江省标准化协会协办的第十五届中国标准化论坛在义乌市举行。国内外标准化领域知名专家、学者，研究机构的领军人物，各省（市）、各行业标准技术管理负责人以及全国20多个省（市）、自治区、直辖市的300多名标准化工作者、跨国集团企业代表参加了论坛活动。国家市场监督管理总局标准创新管理司司长崔钢出席开幕式并致辞。中国标准化协会副理事长兼秘书长高建忠主持开幕式活动，并宣读了理事长纪正昆的讲话。

本届论坛主题是"新时代 新作为——标准化事业新发展"，内容紧扣当前国家全面深化改革的形势和标准化体制机制的改革，解读国家标准化工作政策举措；分享涉及学科发展、国际合作、产业创新、专利融入、城镇基础建设、团标发展等新成果和新实践；推广、普及标准化知识；探讨在不断完善社会主义市场经济体制，市场发挥决定性作用的环境中，如何持续实施标准化战略，发挥好标准的支撑与引领作用，助力我国经济社会改革发展。

标准化事业重点 —— 创新、人才、协同

崔钢在致辞中转达了国家市场监督管理总局副局长、国家标准化管理委员会主任田世宏对第十五届中国标准化论坛成功召开的祝贺，对出席论坛的朋友们的欢迎，以及对长期致力于标准化事业的同志们的感谢。

崔钢表示，一是希望标准化工作者积极开展标准化新理论新方法的研究与实践；二是标准化组织要大力开展标准化人才建设与培养，中国标协建立的五级塔型人才培养体系是一个很好的模式，希望更多的协会团体、专业机构、服务业机构致力于人才培养培训工作，打造好标准化事业的人才基石；三是各级各类标准化机构要形成紧密协同机制。中国标协正在联合各级各类标准化协会成立工作委员会，建立全国性的多元参与、协同推进的工作机制，希望各级各类标准化机构，打造群策群力、务实高效的大格局工作局面。

李东方

义乌市委常委、义乌市人民政府
副市长

鲍诗度

主题演讲
《系统化中国城市家具标准研究》
点性思维是影响中国城市环境建设的主要病症
系统性思维是城市环境精细化建设的助力良方

发挥标准支撑与引领作用，助力我国经济社会改革发展

　　本届论坛主题是"新时代 新作为——标准化事业新发展"，内容紧扣当前国家全面深化改革的形势和标准化体制机制的改革，解读国家标准化工作政策举措；分享涉及学科发展、国际合作、产业创新、专利融入、城镇基础建设、团标发展等新成果和新实践；推广、普及标准化知识；探讨在不断完善社会主义市场经济体制，市场发挥决定性作用的环境中，如何持续实施标准化战略，发挥好标准的支撑与引领作用，助力我国经济社会改革发展。

"中国标准化助力奖"优秀表彰

　　论坛开幕式上，中国标准化协会颁发了 2018 年度标准化助力奖和本届论坛征文优秀论文奖。中国广核集团有限公司、浙江绍兴苏泊尔生活电器有限公司、中国电子科技集团公司第十三研究所、四川中光防雷科技股份有限公司和珠海格力电器股份有限公司等五家单位获得 2018 年度标准化助力奖单位奖；鲍诗度等 14 人获得 2018 年度中国标准化助力奖个人奖；田晓平等撰写的 26 篇论文分别获得第十五届中国标准化论坛"美团杯"征文特等奖和优秀奖。

　　中国标准化协会城市家具分会会长、东华大学环境艺术设计研究院院长鲍诗度荣获 2018 年度"中国标准化助力奖"个人奖，并在大会作"系统化中国城市家具标准"主题演讲，对城市家具的概念、建设发展理念、中国城镇环境的现状与问题、国内外优秀案例及建设经验等进行了介绍，指明城市家具对于城市景观环境提升的重要作用，城市家具标准化、系统化建设是现阶段我国城镇品质化建设和精细化管理的关键节点，也是我国城市建设发展的新方向、践行建设"美丽中国"的重要方式！

"城市家具"亮相

第 24 届中国义乌国际小商品（标准）博览会

　　本届论坛采取"1+N"形式，即 1 个主论坛——第十五届中国标准化论坛，N 个专题活动包含：中小企业标准化（国际）大会暨"品字标"品牌成果发布会、第二届团体标准化发展论坛、团体标准化发展联盟年会及联盟标准宣贯会、"义博会"中国标协标准展览区等系列活动。

　　第 24 届中国义乌国际小商品（标准）博览会作为国内首个植入标准化元素的国际展览会，以"标准＋展会"、"标准＋企业"、"标准＋商品"、"标准＋服务"为四大核心要求，特设"标准"主题展区，吸引了国内 12 个省（市）及地区组团 109 家单位参展。

　　中国标准化协会的展位上，展出了中国标准化协会城市家具分会在国际、国家、行业、团体标准方面的研究成果，以及在系统化城市家具建设方面的实践成果，并在现场播放了城市家具分会介绍短片，吸引了参展观众驻足观看。

国家新型城镇化建设创意设计人才培养

国家藝術基金 CHINA NATIONAL ARTS FUND

"国家艺术基金"是由国家设立,旨在繁荣艺术创作、打造和推广原创精品力作、培养艺术创作人才、推进国家艺术事业健康发展的公益性基金。为贯彻落实习近平总书记关于文艺工作的系列重要讲话精神和《中共中央关于繁荣发展社会主义文艺的意见》要求,由国家艺术基金资助、中央美术学院主办,中央美术学院城市设计学院、中央美术学院中国公共艺术研究中心、中央美术学院城市设计与创新研究院共同承办的"新型城镇化建设创意设计人才培养"项目于 2018 年 5 月 6 日至 9 月 2 日期间开展。2018 年 5 月 23 日项目执行负责人、中央美术学院城市设计学院院长王中教授带领 33 位学员到东华大学考察学习。

王中
中央美术学院城市设计学院院长 教授
中国公共艺术研究中心主任

"新型城镇化建设创意设计人才培养"是为集聚城市创新设计、公共艺术和文化创意领域优势资源、为国家培养急需文化创意与艺术创新设计人才的重要培训项目。本项目提出的文化创意设计人才是我国新型城镇化建设中较为紧缺的、特殊的复合型高端艺术设计与创意人才。

本项目特邀住建部、文化部相关负责人,国内顶尖专业院所博士生导师、国家级项目主持人,行业协会资深专家、著名设计师、建筑师、知名文化学者等几十余人组成教学团队。课程采取专题教学与现场教学相结合,理论讲授、座谈讨论与学员艺术创意、设计实践相结合,案例教学与实践教学相结合等培训方式实现教学目标。学员均来自不同专业领域,包括了高校教师、政府人员、企业人员、专业机构人员、设计师、艺术家等 33 位学员。

东华大学作为本次"新型城镇化建设创意设计人才培养"教学培养单位之一,在中央美术学院城市设计学院院长王中教授和东华大学环境艺术设计研究院院长鲍诗度教授的引领下,开展了一日的课程培养和学术交流活动。

鲍诗度教授为学员做了题为"特色小镇之特——小镇三行生态系统"培训课程讲座。讲座围绕我国城镇环境的问题和建设发展理念展开,对国外小城镇生态出行系统、交通规划、街道环境设计、城市家具设计等进行了深入剖析和系统介绍,结合研究院多年在城镇环境建设实践中的成果案例进行了讲解。

王中教授指出,中国城市化进程快速发展的 40 年,以城市硬件和城市基础产业建设为核心的城市发展成为重点。以文化艺术为导向的城市设计,不但是中国新型城镇化进程的必然需求,而且对未来的城市发展和格局建立起到关键性作用。

我国第一张城市家具系统建设评价证书

受连云港市市政府邀请,方圆标志认证集团和东华大学环境艺术设计研究院组成的评价组,于 2018 年 12 月 5 日至 2018 年 12 月 7 日对江苏省连云港市的城市家具系统建设开展评价工作。

评价组对公共服务、公共交通服务、交通管理、路面铺装、信息服务、公共照明等城市家具系统建设与管养情况进行了现场评价,并随机选择 30 位市民对城市家具系统建设的情况进行了公众测评,了解市民对项目的直观感受。

经评价,评价组认为连云港市城市家具系统建设项目优化了城市环境的公共设施系统,完善了城市的服务功能,提升了市民的城市地域感和可认知感,协调了人与城市环境融合度,提供了城市环境舒适和谐的空间形态和布局,在提高市民生活质量,构建健康、舒适、便捷、高效的户外生活起到了积极的作用,该项目建设符合《江苏省城市街道空间精细化设计建设—城市家具建设指南》的要求。对连云港市城市家具系统颁发评价证书,并后续每年进行复评,以此来更好地推进城市的建设和后续成果的维护。

此次城市家具系统建设评价是国内首次开展对城市建设的评价,为今后开展城市家具系统化城市建设树立了范本。

东华大学环境艺术设计研究院

CHINA EAD

搭建多学科交融的互动平台
传递最前沿的学术新观点
探讨城市与环境的文化内涵

《中国环境艺术设计》编辑部介绍

　　《中国环境艺术设计》编辑部由国家 211 工程重点大学——东华大学和中国建筑工业出版社联合创办，以推动中国环境艺术设计为己任，以开放性和多学科交融为宗旨。通过多种出版物、会议、网络和丰富的活动，全面介绍中国环境艺术的动态现状，搭建中国环境艺术设计多学科的互动平台，对环境艺术设计所涵盖的现实进行观察、记录、讨论和整理。我们为中国城市环境领域的领导、专家学者、专业工作者、学生和企业之间搭建一个全方位交流的平台，通过出版物、研讨、专访、展览等方式，推进未来中国环境艺术设计可持续的健康发展。

《中国环境艺术设计》年鉴

　　本书主要总结中国一年内在环境艺术设计领域最具有影响力的项目和观点，以"环境审美"为核心，立足"系统设计"理念，高度关注环境人文，内容包括"筑·境"、"景观·环境"、"室内·环境"、"公共艺术·设施"、"环境艺术设计教育"等领域。本书开放和跨学科的系统性整合是区别于其他出版物的特色。

《中国环境艺术设计·01》

《中国环境艺术设计·02》

《中国环境艺术设计·03》

《中国环境艺术设计·04》

《中国环境艺术设计·05》

《中国环境艺术设计·06》

各类出版物及活动：

《当代城市景观与环境设计丛书》

《中国环境艺术设计国际学术研讨会论文集》

《中国环境艺术设计·谈论》　　《中国环境艺术设计·景论》

《中国环境艺术设计·散论》　　《中国环境艺术设计·集论》

《时尚·创新·设计》　　《中国环境设计·城市街道家具》

中国建筑工业出版社　出版　发行